建设美丽中国

——新时代生态文明建设理论与实践

曹前发 著

人民教育出版社

·北京·

图书在版编目（CIP）数据

建设美丽中国：新时代生态文明建设理论与实践 / 曹前发著 . — 北京：人民教育出版社，2019.8
ISBN 978-7-107-33758-1

Ⅰ.①建… Ⅱ.①曹… Ⅲ.①生态文明—建设—研究—中国 Ⅳ.①X321.2

中国版本图书馆 CIP 数据核字（2019）第 173883 号

建设美丽中国——新时代生态文明建设理论与实践

责任编辑　覃燕飞　杨　洁
书籍设计　房海莹

出版发行　**人民教育出版社**
　　　　　（北京市海淀区中关村南大街 17 号院 1 号楼　邮编：100081）
网　　址　http://www.pep.com.cn
经　　销　全国新华书店
印　　刷　北京恒艺博缘印务有限公司
版　　次　2019 年 8 月第 1 版
印　　次　2019 年 9 月第 1 次印刷
开　　本　787 毫米 ×1092 毫米　1/16
印　　张　15
字　　数　178 千字
定　　价　42.00 元

序　言

有一句话："板凳要坐十年冷，文章不写一句空。"那是有人形容范文澜同志治学精神的。这话说起来容易，做起来却很难。曹前发同志到中央文献研究室工作已经22年。我与他相识和共事多年。近年，他又积七年之功，写出《建设美丽中国——新时代生态文明建设理论与实践》这部著作，在相当程度上体现了这种治学精神。

建设生态文明，是中国共产党在新时代"五位一体"总体布局的重要组成部分。它关系人民福祉，关乎民族未来。为了阐明并实施这个重要战略思想，以习近平同志为核心的党中央，从坚持和发展中国特色社会主义、实现中华民族伟大复兴中国梦的战略高度，系统而深刻地回答了为什么要建设生态文明、建设什么样的生态文明、怎样建设生态文明等一系列具有根本意义的重大理论和实践问题，指出生态环境是人类生存和发展的根基，必须坚持人与自然和谐共生，保持经济的可持续发展，并通盘筹划、实行极严格的生态环境保护制度，为推进美丽中国的建设、全面实现社会主义现代化指明了方向，也为全球生态治理提供了重要的中国智慧。

曹前发同志来到中央文献研究室工作后，一直从事党的领袖人物思想研究。近年来，鉴于生态文明建设的极端重要性，他把研究重点放到中国共产党领袖的生态观方面，取得了可喜的成绩。毛泽东同志诞辰120周年之际，他撰写的《毛泽东生态观》一书出版，介绍以毛泽东同志为核心的党的第一代中央领导集体在生态保护方面的重要认识和贡献，社会反响很好。党的十八大后，他又开始对习近平生态文明思想的研究，并承担中央文献研究室委托的《党的十八大以来我国生态文明建设理论与实践》研究课题。今年，在中华人民共和国诞生70周年之际，他又以饱满的热情，不辞辛劳，经过七年努力，写出《建设美丽中国——新时代生态文明建设理论与实践》。2018年6月，中央提出了习近平生态文明思想的概念，并从八个方面作出概括。本书力求体现中央的要求，结合中国新时代实际，系统阐述习近平生态文明思想，条理分明，颇多心得，还回顾了习近平同志从年轻时起对生态文明的关怀，展现出他深厚的人民情怀，读来令人感动。

习近平生态文明思想产生并扎根于中华大地，又是从理论高度对当代中国生态文明建设的丰富实践经验作出的深刻概括。曹前发同志这本著作是他认真学习和研究习近平生态文明思想的成果，也将有助于读者加深对习近平生态文明思想的理解。

我愿向大家推荐这本书。

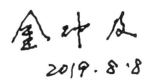

2019.8.8

目　录

前　言

建设生态文明，关系人民福祉，关乎民族未来。

习近平在中国共产党第十八次全国代表大会上担任中共中央总书记，成为党中央的核心和全党的核心。他以马克思主义战略家的远见卓识，高度重视生态文明建设，明确指出："生态兴则文明兴，生态衰则文明衰。""建设生态文明是中华民族永续发展的千年大计。"党的十八大把生态文明建设纳入中国特色社会主义事业"五位一体"总体布局，明确提出建设美丽中国，努力走向社会主义生态文明新时代的战略任务。

在中国共产党第十九次全国代表大会上，习近平向全党提出："生态环境保护任重道远"①，"坚定走生产发展、生活富裕、生态良好的文明发展道路，建设美丽中国，为人民创造良好生产生活环境，为全球生态安全作出贡献。"②"生态文明建设功在当代、利在千秋。我们要牢固树立社会主义生态文明观，推动形成人与自然和谐发展现代化建设新格局，为保护生态环境作出我们这代人的努力！"③强调"为把我国建设成为富强民主文明和谐美丽的社会主义现代化强国而奋斗"。第一次将"美丽"二字写入社会主义现代化强国

---

① 中国共产党第十九次全国代表大会文件汇编［M］.北京：人民出版社，2017：7.

② 同① 19.

③ 同① 42.

的目标，意味着从实现中华民族伟大复兴中国梦的历史维度推进生态文明建设，彰显了当代中国共产党人的远见卓识和伟大情怀。

随着中国特色社会主义进入新时代，中国社会主义生态文明建设也进入了新时代。在新时代的历史进程中，以习近平同志为核心的党中央，传承中华民族传统文化、顺应时代潮流和人民意愿，把生态文明建设作为实现中华民族伟大复兴中国梦的重要内容，提出了许多新理念新思想新战略，站在坚持和发展中国特色社会主义、实现中华民族伟大复兴中国梦的战略高度，深刻回答了为什么建设生态文明、建设什么样的生态文明、怎样建设生态文明等重大理论和实践问题，进而系统形成了习近平生态文明思想。

习近平生态文明思想集中体现为"八个坚持"：坚持生态兴则文明兴；坚持人与自然和谐共生；坚持绿水青山就是金山银山；坚持良好生态环境是最普惠的民生福祉；坚持山水林田湖草是生命共同体；坚持用最严格制度最严密法治保护生态环境；坚持建设美丽中国全民行动；坚持共谋全球生态文明建设。这一思想的深刻内容，充分反映出党的十八大以来，生态文明建设被提到了治国理政前所未有的高度。

2019 年 3 月 5 日，习近平首次向全党指出：在"五位一体"总体布局中生态文明建设是其中一位，在新时代坚持和发展中国特色社会主义基本方略中坚持人与自然和谐共生是其中一条基本方略，在新发展理念中绿色是其中一大理念，在三大攻坚战中污染防治是其中一大攻坚战。这"四个一"构成一个具有内在逻辑结构的有机整体，将生态文明建设与中国特色社会主义事业的总体布局、基本方略、新发展理念和近期必须完成的三大攻坚战紧密地结合起来。这

"四个一"进一步彰显了生态文明建设在中国特色社会主义"五位一体"建设中的重要地位，进一步明确了新时代坚持和发展中国特色社会主义必须坚持人与自然和谐共生的基本方略，进一步突出了绿色发展理念在新发展理念中的重要地位，进一步显示了坚决打赢污染防治攻坚战的决心和信心。习近平向全党强调，要保持生态文明建设的战略定力，探索以生态优先、绿色发展为导向的高质量发展新路子。

"八个坚持"的深刻内涵和"四个一"的战略定位，体现了我们党对生态文明建设规律的把握，体现了生态文明建设在新时代党和国家事业发展中的地位，体现了党对建设生态文明的部署和要求。习近平生态文明思想，是习近平新时代中国特色社会主义思想的重要组成部分，为推进美丽中国建设、实现人与自然和谐共生的现代化提供了方向指引和根本遵循，为全球生态治理提供了中国智慧和中国方案。让我们以习近平生态文明思想武装头脑、指导实践、推动工作，使良好生态环境成为人民幸福生活的增长点、成为经济社会持续健康发展的支撑点、成为展现我国良好形象的发力点。

一、生态兴则文明兴

建设生态文明是关系中华民族永续发展的根本大计，功在当代、利在千秋，关系人民福祉，关乎民族未来。

湖南韶山风光（周佩摄）

（一）中国梦含有"生态兴则文明兴"的内容

生态文明建设是实现中国梦的题中应有之义。2013 年 5 月 24 日，习近平在主持十八届中央政治局第六次集体学习时指出："历史地看，生态兴则文明兴，生态衰则文明衰。"[①] 由此，以习近平同志为核心的党中央擘画推动生态文明建设迈上新台阶的蓝图，用生态文明托起"美丽中国梦"。

2014 年 11 月 10 日，习近平在北京举行的亚洲太平洋经济合作组织会议欢迎宴会上致辞时说："希望北京乃至全中国都能够蓝天常在、青山常在、绿水常在，让孩子们都生活在良好的生态环境之中，这也是中国梦中很重要的内容。"[②]

图 1　北京雁栖湖全景（王铁瑛摄　中共怀柔区委党史办公室提供）

雁栖湖位于北京市怀柔区，三面环山，自然环境优越。2014 年亚洲太平洋经济合作组织会议主场馆就设立在这里。雁栖湖已经建设成为国际一流的生态发展示范新区。

---

① 习近平关于全面建成小康社会论述摘编［M］.北京：中央文献出版社，2016：164.

② 陈二厚，董峻，王宇，等 . 为了中华民族永续发展——习近平总书记关心生态文明建设纪实［N］.人民日报，2015-03-10（1）.

为了实现中华民族伟大复兴中国梦，习近平高度重视生态文明建设，无论走到哪里，时刻不忘强调生态文明建设这件大事。2016 年全国两会期间，在黑龙江代表团，他一再叮嘱，一定要保护好湿地。在湖南代表团，他关心土壤重金属污染治理情况，强调农产品绿色安全无小事。2016 年 9 月 3 日，习近平在二十国集团工商峰会开幕式上发表主旨演讲时强调："我们要建设天蓝、地绿、水清的美丽中国，让老百姓在宜居的环境中享受生活，切实感受到经济发展带来的生态效益。"[1]

良好的生态环境是最普惠的民生福祉。实现中华民族伟大复兴中国梦，就是要不断满足人民日益增长的优美生态环境的需要。习近平善于从民生视角看待生态问题。习近平指出："人民群众对清新空气、清澈水质、清洁环境等生态产品的需求越来越迫切，生态环境越来越珍贵。我们必须顺应人民群众对良好生态环境的期待，推动形成绿色低碳循环发展新方式，并从中创造新的增长点。"[2]

生态环境一头连着人民群众生活质量，另一头连着社会和谐稳定。完全可以这样说，保护生态环境就是保障民生，改善生态环境就是改善民生。广大人民群众热切期盼加快提高生态环境质量。生态环境是关系民生的重大社会问题，更是关系党的使命宗旨的重大政治问题。

习近平在中国共产党第十九次全国代表大会上指出，要着力解决突出环境问题。他强调："坚持全民共治、源头防治，持续实施大气污染防治行动，打赢蓝天保卫战。加快水污染防治，实施流域环境和近

---

[1] 习近平. 中国发展新起点　全球增长新蓝图——在二十国集团工商峰会开幕式上的主旨演讲 [N]. 人民日报，2016-09-04（3）.

[2] 习近平谈治国理政：第二卷 [M]. 北京：外文出版社，2017：232.

岸海域综合治理。强化土壤污染管控和修复，加强农业面源污染防治，开展农村人居环境整治行动。"①

2017 年 5 月 26 日，习近平在主持十八届中央政治局第四十一次集体学习时进一步指出：如果经济发展了，但生态破坏了、环境恶化了，大家整天生活在雾霾中，吃不到安全的食品，喝不到洁净的水，呼吸不到新鲜的空气，居住不到宜居的环境，那样的小康、那样的现代化不是人民希望的。所以，我们必须把生态文明建设摆在全局工作的突出地位，既要金山银山，也要绿水青山，努力实现经济社会发展和生态环境保护协同共进。

当前，一些地方存在严重的环境问题，威胁人民群众生命健康，社会极其关注，群众反映强烈。一些地方生态环境恶化已经成为突出的民生问题，搞不好还可能演变成社会政治问题，"这里面有很大的政治"②。习近平强调："良好的生态环境是人类生存与健康的基础。要按照绿色发展理念，实行最严格的生态环境保护制度，建立健全环境与健康监测、调查、风险评估制度，重点抓好空气、土壤、水污染的防治，加快推进国土绿化，切实解决影响人民群众健康的突出环境问题。"③

在中国共产党第十九次全国代表大会上，习近平向全党提出开启全面建设社会主义现代化国家新征程。这个新征程分两个阶段，每个阶段都有着光明前景和生态上的绚丽图景。第一个阶段，从 2020 年到 2035 年，在全面建成小康社会的基础上，再奋斗十五年，基本实现社会

① 中国共产党第十九次全国代表大会文件汇编［M］.北京：人民出版社，2017：41.
② 习近平关于全面深化改革论述摘编［M］.北京：中央文献出版社，2014：103.
③ 习近平谈治国理政：第二卷［M］.北京：外文出版社，2017：372.

主义现代化。从生态上看，到那时，生态环境根本好转，美丽中国目标基本实现。第二个阶段，从 2035 年到本世纪中叶，在基本实现现代化的基础上，再奋斗十五年，把我国建成富强民主文明和谐美丽的社会主义现代化强国。从生态上看，到那时，我国生态文明水平将全面提升。

在 2018 年 5 月 18 日召开的全国生态环境保护大会上，习近平指出：我们要积极回应人民群众所想、所盼、所急，大力推进生态文明建设，提供更多优质生态产品，不断满足人民群众日益增长的优美生态环境需要。还老百姓蓝天白云、繁星闪烁，还给老百姓清水绿岸、鱼翔浅底的景象，为老百姓留住鸟语花香的田园风光。

在这次大会上，习近平首次提出要加快构建生态文明体系，即以生态价值观念为准则的生态文化体系，以产业生态化和生态产业化为主体的生态经济体系，以改善生态环境质量为核心的目标责任体系，以治理体系和治理能力现代化为保障的生态文明制度体系，以生态系统良性循环和环境风险有效防控为重点的生态安全体系。习近平首次提出"生态文明体系"，并明确了生态文明体系的丰富内涵。昭示我们建设什么样的生态文明社会，怎样建设生态文明社会，清晰地勾勒和描绘出美丽中国总蓝图，以及这一总蓝图下的经济、政治、文化和社会各项建设基本路径。

习近平强调，要通过加快构建生态文明体系，确保到 2035 年，生态环境质量实现根本好转，美丽中国目标基本实现。到本世纪中叶，物质文明、政治文明、精神文明、社会文明、生态文明全面提升，绿色发展方式和生活方式全面形成，人与自然和谐共生，生态环境领域国家治理体系和治理能力现代化全面实现，建成美丽中国。

（二）从历史与现实中认识"生态兴则文明兴"

习近平继承和发展了马克思主义生态思想，提出"生态兴则文明兴，生态衰则文明衰。"这个论断揭示了人类社会发展史上生态决定文明兴衰的客观规律。生态环境是人类生存和发展的根基，生态环境变化直接影响文明兴衰演替。一部人类的发展史，就是一部人类与自然如何和谐相处的关系史。人类与自然是共生共荣的，人是自然界的一部分，人类应该像爱护自己的眼睛一样爱护自然。人类的一切活动都必须符合自然规律，人类的一切活动都必须注重保护生态，再也不能以过度开发自然资源和牺牲生态环境为代价追求眼前利益和局部利益。

2012 年 12 月，习近平在广东考察工作时指出：人类的认识是螺旋式上升的。很多国家，包括一些发达国家，在发展过程中把生态环境破坏了，搞起一堆东西，最后一看都是一些破坏性的东西。再补回去，成本比当初创造的财富还要多。特别是有些地方，像重金属污染区，水被污染了，土壤被污染了，到了积重难返的地步。要实现永续发展，必须抓好生态文明建设。2016 年 1 月 18 日，习近平在省部级主要领导干部学习贯彻党的十八届五中全会精神专题研讨班上发表讲话，专门引述了恩格斯在《自然辩证法》中给后人留下的关于自然的报复的一段名言，即：有些地方的居民，为了得到耕地，毁灭了森林，最后这些地方竟成为不毛之地。对此，恩格斯一再告诫道："我们不要过分陶醉于我们人类对自然界的胜利。对于每一次这样的胜利，自然界都对我们进行报复。"①

---

① 马克思恩格斯选集：第 3 卷［M］.北京：人民出版社，2012：998.

从历史上看，人类文明的中心都发源于大江大河流域，那里森林茂密、水草丰美、生态良好。后来由于人们缺乏生态保护意识，随意砍伐森林，造成青山变成秃岭，沃野变成荒漠。人类文明的中心因为生态遭到破坏而衰落，以至于不得不迁移他乡。森林孕育了人类，也孕育了人类文明。森林是人类生态文明的重要基础。失去森林，人类就会失去生存的根基，就会失去未来。从世界历史看，破坏森林造成了一系列悲剧。

回顾古巴比伦文明、古埃及文明、古印度文明以及古希腊文明和玛雅文明的兴衰，我们可以看到这样一个事实：这些文明的兴衰在很大程度上都与所在地植被的分布与消长有关。纵观人类文明发展史，我们可以看到这样的景况：凡是不注重生态保护，向大自然过分索取的文明，哪怕再盛极一时，最终也很难逃脱衰败、湮灭之命运。2016年8月24日，习近平在青海考察工作结束时说："在人类发展史上特别是工业化进程中，曾发生过大量破坏自然资源和生态环境的事件，酿成惨痛教训。马克思在研究这一问题时，曾列举了波斯、美索不达米亚、希腊等由于砍伐树木而导致土地荒芜的事例。"①

英国著名科学家李约瑟从科学史研究的视角得出一个重要结论。他认为，人主宰自然的狂热是欧洲科学思想中最有破坏性的一种。正是这种狂热，破坏了生态系统的平衡；而自然界对人类这种破坏性的胜利，也进行了无情的报复。造成人类与自然界紧张关系的根源在人类一方，其危害最终伤及的也是人类自身。

---

① 习近平关于社会主义生态文明建设论述摘编［M］.北京：中央文献出版社，2017：13.

习近平在 2013 年 4 月 2 日参加首都义务植树活动时说："不可想象，没有森林，地球和人类会是什么样子。"失去了绿色的呵护，人类文明终将难有持久的绚丽。人类背叛绿色、毁灭绿色，就是背叛自己、毁灭自己。

图 2　安徽芜湖奎湖湿地公园（谢涛摄　中共南陵县委提供）

奎湖位于安徽省芜湖市南陵县，总面积近 700 公顷，是芜湖市第一大淡水湖。奎湖水面宽阔，曾是三国名将周瑜训练水师的重要场所。近年来南陵县以优化农村生态环境为发展目标，积极发展现代农业。奎湖不仅以农业旅游闻名，还成为安徽的省级湿地公园。

从世界现实看，许多国家包括一些发达国家，都曾先后走过"先污染后治理"这样一条老路，在发展的过程中把生态环境破坏了。工业革命以来，人类对大自然进行了深刻的改造。一方面生产力获得巨大发展，另一方面自然生态系统发生巨大逆变，出现森林消失、水土流失、干旱缺水、湿地退化、洪涝灾害频发、全球气候变暖等一系列严重生态危机。20世纪发生的"世界八大公害事件"，如洛杉矶光化学烟雾事件、日本水俣病事件、伦敦烟雾事件等，对当地生态环境和广大人民群众的生活造成很大影响。这充分表明，西方发达国家在实现传统工业化的历史进程中，一方面创造巨大的物质财富，另一方面给生态环境带来巨大的破坏。人们应该牢牢记取这个惨痛的历史教训。

习近平善于从中国历史中总结教训。他指出，中国历史上，也多有因滥砍乱伐森林而造成的巨大生态破坏。"现在植被稀少的黄土高原、渭河流域、太行山脉也曾是森林遍布、山清水秀"①，"由于毁林开荒、滥砍乱伐，这些地方生态环境遭到严重破坏。塔克拉玛干沙漠的蔓延，湮没了盛极一时的丝绸之路"②，"楼兰古城因屯垦开荒、盲目灌溉，导致孔雀河改道而衰落"③，在唐朝以前突然消失了。习近平站在历史的高度，谆谆告诫道："这些深刻教训，我们一定要认真吸取。"④2016年8月24日，习近平在青海考察工作时指出："据史料记载，丝绸之路、河西走廊一带曾经水草丰茂。由于毁林开荒、乱砍滥伐，致使这些地方生态环境遭到严重破坏。据反映，三江源地区有的县，三十多年前水草丰美，但由于人口超载、过度放牧、开山挖矿等原因，虽然获得过经济超速增长，但随之而来的是湖泊锐减、草场退化、沙

---

① 习近平谈治国理政：第二卷［M］.北京：外文出版社，2017：208.

② 同①.

③ 同①.

④ 同①.

化加剧、鼠害泛滥，最终牛羊无草可吃。"① 说到这里，习近平再次谆谆嘱咐："古今中外的这些深刻教训，一定要认真吸取，不能再在我们手上重犯！"②

水是生存之本、文明之源、生态之要。当前，我国水安全面临严峻的形势，特别是水资源短缺、水生态损害、水环境污染等问题突出。对此，习近平予以高度重视。2014 年 3 月 14 日，习近平在中央财经领导小组第五次会议上指出："河川之危、水源之危是生存环境之危、民族存续之危。水已经成为了我国严重短缺的产品，成了制约环境质量的主要因素，成了经济社会发展面临的严重安全问题。"③ 他强调："全党要大力增强水忧患意识、水危机意识，从全面建成小康社会、实现中华民族永续发展的战略高度，重视解决好水安全问题。"④

在这次会议上，习近平还深入分析了造成我国水安全问题的原因。他指出：形成今天水安全严峻形势的因素很多，根子上是长期以来对经济规律、自然规律、生态规律认识不够、把握失当。把水当作取之不尽、用之不竭、无限供给的资源，把水看作是服从于增长的无价资源，只考虑增长，不考虑水约束，没有认识到水是生态要素，没有看到水资源、水生态、水环境的承载能力是有限的，是有不可抗拒的物理极限的。

在作出科学分析之后，习近平强调，把节水纳入严重缺水地区的政

---

① 习近平关于社会主义生态文明建设论述摘编［M］.北京：中央文献出版社，2017：13-14.

② 同① 14.

③ 习近平关于全面建成小康社会论述摘编［M］.北京：中央文献出版社，2016：173.

④ 同③ 173-174.

绩考核。"我看要像节能那样把节水作为约束性指标纳入政绩考核，非此不足以扼制拿水不当回事的观念和行为。"① 他大声疾呼：要大力宣传节水和洁水观念。树立节约用水就是保护生态、保护水源就是保护家园的意识，营造亲水、惜水、节水的良好氛围，消除水龙头上的浪费，倡导节约每一滴水，使爱护水、节约水成为全社会的良好风尚和自觉行动。此前，2014 年 2 月，习近平在北京考察工作时说：要深入开展节水型城市建设，使节约用水成为每个单位、每个家庭、每个人的自觉行动。

习近平始终关注着我国每一条江河的生态状况，关注着我国水资源的状况。2016 年 7 月 20 日，习近平在宁夏考察工作时指出，黄河水资源利用率已高达 70%，远超 40% 的国际公认的河流水资源开发利用率警戒线，污染黄河事件时有发生，黄河不堪重负！要强化源头保护，下功夫推进水污染防治，保护重点湖泊湿地生态环境。宁夏是黄河流出青海的第二个省区，一定要加强黄河保护。沿岸各省区都要自觉承担起保护黄河的重要责任，坚决杜绝污染黄河行为，让母亲河永远健康。

习近平支持建立河长制度和湖长制度。在 2017 年新年贺词中，他兴奋地宣布：每条河流要有"河长"了。2017 年 11 月 20 日，习近平主持召开中央全面深化改革领导小组第一次会议，审议通过《关于在湖泊实施湖长制的指导意见》。这是统筹山水林田湖草系统治理的重大政策举措，也是加强湖泊管理保护、维护湖泊健康生命的重大制度创

---

① 习近平关于社会主义生态文明建设论述摘编［M］.北京：中央文献出版社，2017：105.

新。湖泊是江河水系的重要组成部分，是蓄洪储水的重要空间，在防洪、供水、航运、生态等方面具有不可替代的作用。全国现有水面面积1平方千米以上的天然湖泊2865个，总面积7.8万平方千米，淡水资源量约占全国水资源量的8.5%。长期以来，一些地方围垦湖泊、侵占水域、超标排污、违法养殖、非法采砂，造成湖泊面积萎缩、水域空间减少、水质恶化、生物栖息地破坏等问题突出，湖泊功能严重退化。当前，湖泊水质状况不容乐观。据全国118个重要湖泊监测评价的结果，2016年湖泊总体水质Ⅰ至Ⅲ类的比例为23.7%，Ⅳ至Ⅴ类的

图3 浙江嘉兴的南湖景观（盛建生摄）

嘉兴南湖由运河各渠汇流而成，其朴素、醇厚的江南水乡风情为历代文人雅士所赞誉。随着经济开发，嘉兴的水问题越来越突出，南湖也一度被污染。2012年嘉兴全面推行"河长制"，开启水环境治理攻坚战。现在的南湖又恢复了"烟波浩渺，菱歌渔唱"的生态环境。图中的"红船"位于南湖烟雨楼下万福桥旁，是按照1921年中共一大代表乘坐的游船样式仿制的革命纪念船。

比例为 58.5%，劣 V 类的比例是 17.8%。湖泊管理保护的任务艰巨而又十分紧迫。党的十九大召开不久，习近平主持召开的中央全面深化改革领导小组第一次会议就审议通过《关于在湖泊实施湖长制的指导意见》。可见，习近平对我国湖泊治理的高度重视。

习近平同样高度重视海洋及其生态环境保护工作。2013 年 4 月，习近平在视察海南时强调：海洋是支撑未来发展的资源宝库和战略空间，要坚持陆海统筹；要加快发展海洋经济，使之成为更强有力的支柱。2013 年 7 月 30 日，习近平在主持十八届中央政治局第八次集体学习时指出：保护海洋生态环境，着力推动海洋开发方式向循环利用型转变。目前，我国近海生态环境不容乐观，海洋污染、海洋灾害等环境问题日益突出。这个问题解决不好，不仅会影响经济社会可持续发展，而且会影响社会稳定。要下决心采取措施，全力遏制海洋生态环境不断恶化的趋势，让我国海洋生态环境有一个明显改观，让人民群众吃上绿色、安全、放心的海产品，享受碧海蓝天、洁净沙滩。2016 年 12 月 5 日，习近平主持召开十八届中央全面深化改革领导小组第三十次会议，审议通过了《围填海管控办法》。2018 年 3 月 8 日，习近平在参加十三届全国人大一次会议山东代表团审议时说：海洋是高质量发展战略要地。要加快建设世界一流的海洋港口、完善的现代海洋产业体系、绿色可持续的海洋生态环境，为海洋强国建设作出贡献。

现在回过头来看环境与发展的关系问题，可以说，这是一个世界性的难题，需要世界各国共同对待。由于思想认识、制度设置、科学技术手段的限制，人们难以完全把握好两者的平衡。

现代化是一个自然历史过程。在处理环境与发展关系方面，西方发达国家在付出了沉重的生态代价之后，开始重视环境治理。但是，它们一方面重视自己国家的环境治理，另一方面却把重污染的产业转移到发展中国家。这给追赶现代化的广大发展中国家造成了巨大的环境治理压力。

毋庸讳言，我们用几十年的时间走完了发达国家几百年走过的发展历程，高速发展过程中，环境问题集中显现，呈现出明显的结构型、压缩型、复合型特点。老的环境问题还没完全解决，新的环境问题又接踵而至。针对这种严重状况，习近平大声疾呼："我们在生态环境方面欠账太多了，如果不从现在起就把这项工作紧紧抓起来，将来会付出更大的代价。"①

图4　贵州兴义万峰林的峰林田园景观（张霆摄）

万峰林位于贵州省兴义市东南部，是典型的喀斯特峰林景观。峰林脚下的农田形态万千，与古朴的村寨、奇美的山峦融为一体，构成一幅和谐的峰林田园景观。

---

① 习近平关于全面建成小康社会论述摘编［M］.北京：中央文献出版社，2016：164.

中国现实的生态状况告诉我们：必须尽快补上生态文明建设这块短板。习近平指出："我国资源约束趋紧、环境污染严重、生态系统退化的问题十分严峻，人民群众对清新空气、干净饮水、安全食品、优美环境的要求越来越强烈。"① "在三十多年持续快速发展中，我国农产品、工业品、服务产品的生产能力迅速扩大，但提供优质生态产品的能力却在减弱，一些地方生态环境还在恶化。"② "全国大范围长时间的雾霾污染天气，影响几亿人口，人民群众反映强烈。"③ 习近平要求必须下大气力扭转这种状况。

在中国共产党第十九次全国代表大会上，习近平提出："实施重要生态系统保护和修复重大工程，优化生态安全屏障体系，构建生态廊道和生物多样性保护网络，提升生态系统质量和稳定性。"④

"生态兴则文明兴，生态衰则文明衰。"这是习近平对人类文明发展经验教训的历史总结，体现了他对人类发展意义的深邃思考。习近平的这一重要思想，把人类文明与生态建设紧密联系起来，阐明两者命运与共，兴衰相依。这一重要思想，科学回答了生态与人类文明之间的关系，彰显了中国共产党人对人类文明发展规律、自然规律和经济社会发展规律的深刻认识，丰富发展了马克思主义生态观。这一重要思想必将促进中国及世界生态文明的发展，必将促进中国及世界走

---

① 习近平谈治国理政：第二卷［M］.北京：外文出版社，2017：198-199.

② 习近平关于全面建成小康社会论述摘编［M］.北京：中央文献出版社，2016：179-180.

③ 同② 164.

④ 中国共产党第十九次全国代表大会文件汇编［M］.北京：人民出版社，2017：41-42.

向生态文明新时代。"生态环境保护是功在当代、利在千秋的事业。"①

2018 年 5 月，习近平在全国生态环境保护大会上指出，新时代推进生态文明建设，必须坚持好以下原则：一是人与自然和谐共生，二是绿水青山就是金山银山，三是良好生态环境是最普惠的民生福祉，四是山水林田湖草是生命共同体，五是用最严格制度最严密法治保护生态环境，六是共谋全球生态文明建设。这六项重要原则，是推动我国生态文明建设迈上新台阶的思想遵循和行动指南。

2019 年 4 月 28 日，习近平在北京延庆出席 2019 年中国北京世界园艺博览会开幕式，并发表题为《共谋绿色生活，共建美丽家园》的讲话。他指出：纵观人类文明发展史，生态兴则文明兴，生态衰则文明衰。杀鸡取卵、竭泽而渔的发展方式走到了尽头，顺应自然、保护生态的绿色发展昭示着未来。地球是全人类赖以生存的唯一家园。我们要像保护自己的眼睛一样保护生态环境，像对待生命一样对待生态环境，同筑生态文明之基，同走绿色发展之路。他强调：第一，我们应该追求人与自然和谐；第二，我们应该追求绿色发展繁荣；第三，我们应该追求热爱自然情怀；第四，我们应该追求科学治理精神；第五，我们应该追求携手合作应对。

习近平在讲话中满怀深情地展望道：现在，生态文明建设已经纳入中国国家发展总体布局，建设美丽中国已经成为中国人民心向往之的奋斗目标。中国生态文明建设进入了快车道，天更蓝、山更绿、水更清将不断展现在世人面前。

---

① 习近平谈治国理政：第一卷［M］．北京：外文出版社，2018：208．

图5　广东江门新会区的小鸟天堂景观
（黄永照摄，中共广东省江门市新会区委宣传部提供）

小鸟天堂位于广东省江门市新会区天马村天马河的河心沙洲上。三百多年前，一棵榕树种子在这片沙洲上生根发芽，不断成长，终于独木成林。林中栖息着成千上万只鸟雀，鸟树相依，颇为奇特。文学大师巴金先生乘船游览后叹为观止，写下优美的散文《鸟的天堂》，"小鸟天堂"从此得名。当地在开发中注重保护生态环境，现已建成以鸟类生态风景为主题的湿地公园，成为人与自然和谐共处的一张绿色名片。

二、人与自然和谐共生

　　保护自然就是保护人类，建设生态文明就是造福人类。必须尊重自然、顺应自然、保护自然，像保护眼睛一样保护生态环境，像对待生命一样对待生态环境，推动形成人与自然和谐发展的现代化建设新格局，还自然以宁静、和谐、美丽。

河北塞罕坝林场的花海（塞罕坝林场提供）

（一）从中华文化中汲取生存智慧

中国传统文化有其独特的人类生存智慧，不乏对人与自然关系、社会发展与资源环境关系的论述。以儒释道为主的中华传统文化格局，从不同层面探讨了天人关系，形成了丰富的生态伦理思想。

尊重自然，要从中华文化中汲取历史智慧。习近平深刻领会中华文化精髓。他在全国生态环境保护大会上指出，中华民族向来尊重自然、热爱自然，绵延 5000 多年的中华文明孕育着丰富的生态文化。

在素有"人间天堂"美誉的苏州，有一处林木森郁、古朴壮丽的古典园林——沧浪亭。这里有一副楹联这样写道：清风明月本无价，近水

图 6　江苏苏州的沧浪亭　（中共江苏省苏州市委宣传部提供）

远山皆有情。这副楹联生动地道出了人与自然唇齿相依、息息相通的关系。绿色发展在我国具有深厚的历史文化底蕴。中华文明历来强调天人合一、尊重自然。自古以来，尊重自然、与自然和睦相处的"天人合一"观念，深深根植于一代又一代中华儿女的心中。

2014年9月24日，习近平在纪念孔子诞辰2565周年国际学术研讨会暨国际儒学联合会第五届会员大会开幕会上发表讲话。他说：当代人类也面临着许多突出的难题，比如，贫富差距持续扩大，物欲追求奢华无度，个人主义恶性膨胀，社会诚信不断消减，伦理道德每况愈下，人与自然关系日趋紧张，等等。要解决这些难题，不仅需要运用人类今天发现和发展的智慧和力量，而且需要运用人类历史上积累和储存的智慧和力量。

习近平指出，世界上一些有识之士认为，包括儒家思想在内的中国优秀传统文化中蕴藏着解决当代人类面临的难题的重要启示，比如，关于道法自然、天人合一的思想等。

我们的先人们早就认识到生态环境的重要性，认识到生态资源管理是国家与社会运行的重要保障。孔子说："子钓而不纲，弋不射宿。"意思是不用大网打鱼，不射夜宿之鸟。荀子说："草木荣华滋硕之时则斧斤不入山林，不夭其生，不绝其长也；鼋鼍、鱼鳖、鳅鳝孕别之时，罔罟、毒药不入泽，不夭其生，不绝其长也。"《吕氏春秋》中说："竭泽而渔，岂不获得？而明年无鱼；焚薮而田，岂不获得？而明年无兽。"习近平强调，这些关于对自然要取之以时、取之有度的思想，有十分重要的现实意义。

2017年7月24日，第十九届国际植物学大会在广东省深圳市开

图 7 　安徽望江香茗山景观（吴志贵摄　中共望江县委、
望江县人民政府提供）

香茗山位于安徽省望江县鸦滩镇，因古代盛产香茶而得名。望江县以香茗山为特色，积极将山水文化、生态特色与产业结合起来，发展现代农业。

幕。习近平发来贺信说：植物是生态系统的初级生产者，深刻影响着地球的生态环境。人类对植物世界的探索从未停步，对植物的利用和保护促进了人类文明进步。中国是全球植物多样性最丰富的国家之一。中国人民自古崇尚自然、热爱植物，中华文明包含着博大精深的植物文化。

　　"万物各得其和以生，各得其养以成。""中华文明历来强调天人合一、尊重自然。"[①] "顺应自然、追求天人合一，是中华民族自古以来的

---

① 习近平谈治国理政：第二卷［M］.北京：外文出版社，2017：530.

理念，也是今天现代化建设的重要遵循。"①

"锦绣中华大地，是中华民族赖以生存和发展的家园，孕育了中华民族 5000 多年的灿烂文明，造就了中华民族天人合一的崇高追求。"②
2019 年 4 月 28 日，习近平在 2019 年中国北京世界园艺博览会开幕式上说："我们应该追求人与自然和谐。山峦层林尽染，平原蓝绿交融，城乡鸟语花香。这样的自然美景，既带给人们美的享受，也是人类走向未来的依托。无序开发、粗暴掠夺，人类定会遭到大自然的无情报复；合理利用、友好保护，人类必将获得大自然的慷慨回报。我们要维持地球生态整体平衡，让子孙后代既能享有丰富的物质财富，又能遥望星空、看见青山、闻到花香。"③

尊重自然、顺应自然、保护自然，这是东方文化中和谐平衡思想的必然要求，也是充满东方智慧的生态文明之路。

习近平提出绿色发展理念，既有着深厚的历史文化渊源，又科学把握了时代发展的新趋势，体现了历史智慧与现代文明的交融，对建设美丽中国、实现中华民族伟大复兴中国梦具有重大的理论意义和现实意义。

（二）对马克思主义生态思想的继承和发展

马克思主义生态思想是习近平生态文明思想的理论来源和逻辑起点。马克思认为，"不以伟大的自然规律为依据的人类计划，只会带来

---

① 董峻，王立彬，高敬，等．开创生态文明新局面——党的十八大以来以习近平同志为核心的党中央引领生态文明建设纪实［N］．人民日报，2017-08-03（1）．

② 习近平．共谋绿色生活，共建美丽家园——在二〇一九年中国北京世界园艺博览会开幕式上的讲话［N］．人民日报，2019-04-29（2）．

③ 同②．

灾难"①。恩格斯说："我们每走一步都要记住：我们决不像征服者统治异族人那样支配自然界，决不像站在自然界之外的人似的去支配自然界——相反，我们连同我们的肉、血和头脑都是属于自然界和存在于自然界之中的"②。在这里，马克思和恩格斯强调了自然、环境对人具有客观性和先在性，人们对客观世界的改造，必须建立在尊重自然规律的基础之上。

习近平曾说："你善待环境，环境是友好的；你污染环境，环境总有一天会翻脸，会毫不留情地报复你。这是自然界的客观规律，不以人的意志为转移。"③他强调："要做到人与自然和谐，天人合一，不要试图征服老天爷。"④

"人是自然界的一部分。"⑤ 2018 年 5 月 4 日，习近平在纪念马克思诞辰 200 周年大会上向全党提出：学习马克思，就要学习和实践马克思主义关于人与自然关系的思想。马克思认为，"人靠自然界生活"⑥，自然不仅给人类提供了生活资料来源，如肥沃的土地、鱼产丰富的江河湖海等，而且给人类提供了生产资料来源。自然物构成人类生存的自然条件，人类在同自然的互动中生产、生活、发展。人类善待自然，自然也会馈赠人类，但"如果说人靠科学和创造性天才征服了自然力，

① 马克思恩格斯全集：第 31 卷 ［M］. 北京：人民出版社，1972：251.

② 马克思恩格斯选集：第 3 卷 ［M］. 北京：人民出版社，2012：998.

③ 习近平. 之江新语 ［M］. 浙江：浙江人民出版社，2007：141.

④ 习近平关于社会主义生态文明建设论述摘编 ［M］. 北京：中央文献出版社，2017：24.

⑤ 马克思恩格斯选集：第 1 卷 ［M］. 北京：人民出版社，2012：56.

⑥ 同⑤ 55.

图 8　安徽南陵的水稻田（汪国权摄　中共南陵县委提供）

春耕时节，安徽省南陵县三里镇的农民正在水稻田里抛秧，勾勒出一幅人地和谐的田园画卷。

那么自然力也对人进行报复"①。

　　森林、湿地、海洋等自然生态系统，维系着地球的生态平衡和人类的生存发展，是生态文明建设的关键与基础。早在 1962 年，美国海洋生物学家蕾切尔·卡逊就出版了《寂静的春天》一书，警示人们如果过度使用农药，人类将面临一个没有鸟、蜜蜂和蝴蝶的世界。

　　"人因自然而生，人与自然是一种共生关系，对自然的伤害最终会

---

① 马克思恩格斯文集：第 3 卷［M］.北京：人民出版社，2009：336.

伤及人类自身。"①习近平指出：发展必须是遵循经济规律的科学发展，必须是遵循自然规律的可持续发展。习近平认为，人类追求发展的需求和地球资源的有限供给是一对永恒的矛盾，必须解决好"天育物有时，地生财有限，而人之欲无极"的矛盾，达到"一松一竹真朋友，山鸟山花好兄弟"的意境。

2013 年 5 月 24 日，习近平在主持十八届中央政治局第六次集体学习时指出：要树立尊重自然、顺应自然、保护自然的生态文明理念，坚持节约资源和保护环境的基本国策，坚持节约优先、保护优先、自然恢复为主的方针。

绿色是生命的象征、大自然的底色。在党的十八届五中全会上，习近平提出创新、协调、绿色、开放、共享五大发展理念，将绿色发展作为关系我国发展全局的一个重要理念，作为"十三五"时期乃至更长时期我国经济社会发展的一个基本理念。习近平指出："绿色发展，就其要义来讲，是要解决好人与自然和谐共生问题。人类发展活动必须尊重自然、顺应自然、保护自然，否则就会遭到大自然的报复，这个规律谁也无法抗拒。"②"只有尊重自然规律，才能有效防止在开发利用自然上走弯路。这个道理要铭记于心、落实于行。"③

良好生态环境是人和社会持续发展的根本基础。习近平强调，要实施重大生态修复工程，增强生态产品生产能力，推进荒漠化、石漠化综合治理，扩大湖泊、湿地面积，保护生物多样性。

---

① 习近平谈治国理政：第二卷［M］.北京：外文出版社，2017：209.

② 同① 207.

③ 同①.

图 9　福建漳州乌礁湾景观（刘汉添摄　漳州市人民政府办公室提供）

　　乌礁湾是福建省漳州市东山岛的海湾。这里不仅有东山国家森林公园，还有东山风力发电站。壮阔的蓝色大海与茂密的绿色林海交相辉映，一台台风力发电机迎风站立，构成一道美丽的风景线。

　　2013 年 12 月，中央城镇化工作会议召开。习近平在会上说：城市规划建设的每个细节都要考虑对自然的影响，更不要打破自然系统。许多城市提出生态城市口号，但思路却是大树进城、开山造地、人造景观、填湖填海等。这不是建设生态文明，而是破坏自然生态。他强调，要让城市融入大自然，不要花大气力去劈山填海，很多山城、水城很有特色，完全可以依托现有山水脉络等独特风光，让居民望得见山、看得见水、记得住乡愁。①

　　2014 年 3 月 14 日，在中央财经领导小组第五次会议上，习近平指出：坚持人口经济与资源环境相均衡的原则，这是党的十八大提出的生态文明建设的一个重要思想。建设生态文明，首先要从改变自然、征服自然转向调整人的行为、纠正人的错误行为。

　　2015 年 9 月 28 日，习近平在第七十届联合国大会一般性辩论时

① 十八大以来重要文献选编：上［M］.北京：中央文献出版社，2014：603.

**图10　福建漳州河坑土楼群
（张志坚摄　漳州市人民政府办
公室提供）**

　　河坑土楼群位于福建省漳州市南靖
县，是我国南方土楼建筑的杰出代表。土
楼建筑将"天、地、人"结合起来，遵循
了"天人合一"的传统哲学理念。土楼不
仅具备完善的防御功能，可以共御外敌，
还能体现客家人聚族而居的民俗风情。

说："我们要构筑尊崇自然、绿色发展的生态体系。人类可以利用自
然、改造自然，但归根结底是自然的一部分，必须呵护自然，不能凌
驾于自然之上。我们要解决好工业文明带来的矛盾，以人与自然和谐
相处为目标，实现世界的可持续发展和人的全面发展。"①

　　一个月后，习近平在党的十八届五中全会第二次全体会议上强调：
要坚持保护优先、自然恢复为主，实施山水林田湖生态保护和修复工
程，加大环境治理力度，改革环境治理基础制度，全面提升自然生态
系统稳定性和生态服务功能，筑牢生态安全屏障。

　　2017年1月18日，习近平在联合国日内瓦总部发表演讲时说：

---

① 习近平谈治国理政：第二卷［M］.北京：外文出版社，2017：525.

"坚持绿色低碳，建设一个清洁美丽的世界。人与自然共生共存，伤害自然最终将伤及人类。空气、水、土壤、蓝天等自然资源用之不觉、失之难续。工业化创造了前所未有的物质财富，也产生了难以弥补的生态创伤。我们不能吃祖宗饭、断子孙路，用破坏性方式搞发展。绿水青山就是金山银山。我们应该遵循天人合一、道法自然的理念，寻求永续发展之路。"①

在中国共产党第十九次全国代表大会上，习近平再次强调："人与自然是生命共同体，人类必须尊重自然、顺应自然、保护自然。人类只有遵循自然规律才能有效防止在开发利用自然上走弯路，人类对大自然的伤害最终会伤及人类自身，这是无法抗拒的规律。"②"坚持人与自然和谐共生。"③

如何尊重自然和顺应自然呢？习近平指出："要扩大退耕还林、退牧还草，有序实现耕地、河湖休养生息，让河流恢复生命、流域重现生机。"④党的十八届三中全会将稳定和扩大退耕还林范围，作为全面深化改革的336项重点任务之一大力推进。2014年6月下旬，国务院正式批准了《新一轮退耕还林还草总体方案》，提出到2020年，将全国具备条件的约4240万亩⑤坡耕地和严重沙化耕地退耕还林还草。

---

① 习近平谈治国理政：第二卷［M］.北京：外文出版社，2017：544.

② 中国共产党第十九次全国代表大会文件汇编［M］.北京：人民出版社，2017：40.

③ 同② 19.

④ 赵树丛.精心实施好新一轮退耕还林［N］.人民日报，2014–10–30（12）.

⑤ "亩"是中国市制的土地单位。在我国农村，农民丈量农田时常使用"亩"为单位。一亩约等于666.67平方米，十五亩等于一公顷。

在习近平的高度重视下，党中央果断作出事关我国长远发展的战略决策。从 2015 年起，我国分步骤扩大停止天然林商业性采伐范围，最终全面停止天然林商业性采伐。同时，把天然林保护工程的范围扩大到全国，争取把所有天然林都保护起来，为我国经济社会发展创造良好生态条件。

习近平强调，自然是生命之母，人与自然是生命共同体，人类必须敬畏自然、尊重自然、顺应自然、保护自然。我们要坚持人与自然和谐共生，牢固树立和切实践行绿水青山就是金山银山的理念，动员全社会力量推进生态文明建设，共建美丽中国，让人民群众在绿水青山中共享自然之美、生命之美、生活之美，走出一条生产发展、生活富裕、生态良好的文明发展道路。

三、绿水青山就是金山银山

　　绿水青山既是自然财富、生态财富，又是社会财富、经济财富。保护生态环境就是保护生产力，改善生态环境就是发展生产力。必须坚持和贯彻绿色发展理念，平衡和处理好发展与保护的关系，推动形成绿色发展方式和生活方式，坚定不移走生产发展、生活富裕、生态良好的文明发展道路。

浙江安吉余村村口的石碑（余村村委会提供）

（一）"绿水青山就是金山银山"，是推进社会主义现代化建设的重大原则

习近平在中国共产党第十九次全国代表大会上强调，必须树立和践行绿水青山就是金山银山的理念。习近平认为："我们追求人与自然的和谐、经济与社会的和谐，通俗地讲，就是要'两座山'：既要金山银山，又要绿水青山""绿水青山本身就是金山银山"。① 习近平形象地将经济发展与生态环境保护的关系，比喻成"金山银山"与"绿水青山"之间的辩证统一关系，主张在保护中发展、在发展中保护。

远见卓识源于切身实践，高瞻远瞩始自深入调研。习近平对于"绿水青山"与"金山银山"关系的深刻认识，来源于他长期以来对生态建设的高度重视。1985 年，习近平担任河北正定县委书记期间，主持制订了《正定县经济、技术、社会发展总体规划》，特别强调："宁肯不要钱，也不要污染，严格防止污染搬家、污染下乡。"1988 年至 1990 年，习近平主政福建省东北部的宁德地区。他曾引用闽东群众的话说："什么时候闽东的山都绿了，什么时候闽东就富裕了。"② 习近平大力支持福建省龙岩市长汀县的水土流失治理。长汀的生态治理样本，折射出习近平清晰的生态理念。2005 年 8 月 15 日，时任浙江省委书记的习近平来到浙江省安吉县天荒坪镇余村调研。习近平说："我们过去讲既要绿水青山，也要金山银山，其实绿水青山就是金山银山。"③ "绿水青山就是金山银山"的提出，恰似阵阵春风，从山村而来，往天下而去。

---

① 习近平.之江新语［M］.浙江：浙江人民出版社，2007：186.

② 习近平.摆脱贫困［M］.福建：福建人民出版社，1992：110.

③ 袁亚平.之江长风［M］.浙江：浙江文艺出版社，2015：4.

图 11　浙江安吉余村风光（余村村委会提供）

基于多年来的切身实践与思索，习近平对"两山论"进行了深入分析："在实践中对绿水青山和金山银山这'两座山'之间关系的认识经过了三个阶段：第一个阶段是用绿水青山去换金山银山，不考虑或者很少考虑环境的承载能力，一味索取资源。第二个阶段是既要金山银山，但是也要保住绿水青山，这时候经济发展和资源匮乏、环境恶化之间的矛盾开始凸显出来，人们意识到环境是我们生存发展的根本，要留得青山在，才能有柴烧。第三个阶段是认识到绿水青山可以源源不断地带来金山银山，绿水青山本身就是金山银山，我们种的常青树就是摇钱树，生态优势变成经济优势，形成了一种浑然一体、和谐统一的关系，这一阶段是一种更高的境界……"[①]

---

① 习近平．干在实处　走在前列——推进浙江新发展的思考与实践［M］.北京：中共中央党校出版社，2006：198.

党的十八大以来，无论是在北京中南海主持中央政治局集体学习，还是同全国人大代表、政协委员讨论交流；无论是在深入基层乡村的调研考察中，还是在远渡重洋的国外访问时，习近平都反复强调这"两座山"，坚定传递着"生态兴则文明兴"的理念。

正确处理好发展与生态环境保护的关系。2013年4月10日，习近平在海南考察工作时说道："对人的生存来说，金山银山固然重要，但绿水青山是人民幸福生活的重要内容，是金钱不能代替的。你挣到了钱，但空气、饮用水都不合格，哪有什么幸福可言。"① 习近平在海南考察工作结束时指出："生态环境保护的成败，归根结底取决于经济结构和经济发展方式。经济发展不应是对资源和生态环境的竭泽而渔，生态环境保护也不应是舍弃经济发展的缘木求鱼，而是要坚持在发展中保护、在保护中发展，实现经济社会发展与人口、资源、环境相协调，不断提高资源利用水平，加快构建绿色生产体系，大力增强全社会节约意识、环保意识、生态意识。"②

2014年3月7日，习近平在参加十二届全国人大二次会议贵州代表团审议时说："正确处理好生态环境保护和发展的关系，也就是我说的绿水青山和金山银山的关系，是实现可持续发展的内在要求，也是我们推进现代化建设的重大原则。"③ 这里，习近平列举了把发展与生态环境保护对立起来的例子。他说："有人说，贵州生态环境基础脆弱，发展不可避免会破坏生态环境，因此发展要宁慢勿快，否则得不

① 习近平关于全面建成小康社会论述摘编［M］.北京：中央文献出版社，2016：163.

② 习近平关于社会主义生态文明建设论述摘编［M］.北京：中央文献出版社，2017：19.

③ 同② 22.

偿失；也有人说，贵州为了摆脱贫困必须加快发展，付出一些生态环境代价也是难免的、必须的。这两种观点都把生态环境保护和发展对立起来了，都是不全面的。"① 针对这种状况，习近平指出："强调发展不能破坏生态环境是对的，但为了保护生态环境而不敢迈出发展步伐就有点绝对化了。实际上，只要指导思想搞对了，只要把两者关系把握好、处理好了，既可以加快发展，又能够守护好生态。贵州这几年的发展也说明了这一点。"②

习近平还指出：我说过，既要绿水青山，也要金山银山；绿水青山就是金山银山。绿水青山和金山银山决不是对立的，关键在人，关键在思路。为什么说绿水青山就是金山银山？鱼逐水草而居，鸟择良木而栖。如果其他各方面条件都具备，谁不愿意到绿水青山的地方来投资、来发展、来工作、来生活、来旅游？从这一意义上说，绿水青山既是自然财富，又是社会财富、经济财富。

他强调：保护生态环境就是保护生产力，改善生态环境就是发展生产力。让绿水青山充分发挥经济社会效益，不是要把它破坏了，而是要把它保护得更好。关键是要树立正确的发展思路，因地制宜选择好发展产业。2015 年 5 月，习近平在浙江考察调研。在舟山市，习近平和村民代表围坐一起促膝交谈。大家争着向习近平介绍，他们利用自然优势，发展乡村旅游等特色产业，收入普遍比过去明显增加，日子越过越好。习近平表示，这里是一个天然大氧吧，是"美丽经济"，

---

① 习近平关于社会主义生态文明建设论述摘编［M］.北京：中央文献出版社，2017：22.
② 同①.

印证了绿水青山就是金山银山的道理。

习近平一直强调，发展和生态环境保护两者要协同共进。2014 年 11 月，习近平在福建考察工作时强调，要大力保护生态环境，实现跨越发展和生态环境保护协同共进。2015 年 6 月，习近平在贵州考察工作时指出：要正确处理发展和生态环境保护的关系，在生态文明建设体制机制改革方面先行先试，把提出的行动计划扎扎实实落实到行动上，实现发展和生态环境保护协同推进。2016 年 9 月 3 日，习近平在二十国集团工商峰会开幕式上发表主旨演讲时深情地说道："我多次说过，绿水青山就是金山银山，保护环境就是保护生产力，改善环境就是发展生产力。这个朴素的道理正得到越来越多人们的认同。"① 正如他所说："而我对这样的一个判断和认识正是在浙江提出来。"

对绿水青山就是金山银山这一理念的准确阐述，也是习近平用生动的语言向外国青年朋友讲好中国故事的一个范例。2013 年 9 月 7 日，习近平在哈萨克斯坦纳扎尔巴耶夫大学发表演讲后回答学生提问时，对此作了进一步阐述："我们既要绿水青山，也要金山银山。宁要绿水青山，不要金山银山，而且绿水青山就是金山银山。""我们绝不能以牺牲生态环境为代价换取经济的一时发展。我们提出了建设生态文明、建设美丽中国的战略任务，给子孙留下天蓝、地绿、水净的美好家园。"②

① 习近平. 中国发展新起点　全球增长新蓝图——在二十国集团工商峰会开幕式上的主旨演讲［N］. 人民日报，2016–09–04（3）.

② 杜尚泽，丁伟，黄文帝，等. 习近平在哈萨克斯坦纳扎尔巴耶夫大学发表重要演讲　弘扬人民友谊　共同建设"丝绸之路经济带"［N］. 人民日报，2013–09–08（1）.

2017 年 10 月 19 日，习近平参加党的十九大贵州省代表团讨论时，希望贵州的同志全面贯彻落实党的十九大精神，大力培育和弘扬团结奋进、拼搏创新、苦干实干、后发赶超的精神，守好发展和生态两条底线，创新发展思路，发挥后发优势，决战脱贫攻坚，决胜同步小康，续写新时代贵州发展新篇章，开创百姓富、生态美的多彩贵州新未来。

党的十九大报告提出"必须树立和践行绿水青山就是金山银山的理念"。2018 年是党的十九大之后的开局之年，习近平在不同场合不断提醒全党同志对此予以高度重视。2018 年 3 月 20 日，习近平在十三届全国人大一次会议上发表重要讲话。他指出：我们要以更大的力度、更实的措施推进生态文明建设，加快形成绿色生产方式和生活方式，着力解决突出环境问题，使我们的国家天更蓝、山更绿、水更清、环境更优美，让"绿水青山就是金山银山"的理念在祖国大地上更加充分地展示出来。

2018 年 4 月 13 日，习近平在庆祝海南建省办经济特区 30 周年大会上说：海南要牢固树立和全面践行绿水青山就是金山银山的理念，在生态文明体制改革上先行一步，为全国生态文明建设作出表率。生态文明建设事关中华民族永续发展和"两个一百年"奋斗目标的实现。保护生态环境就是保护生产力，改善生态环境就是发展生产力。他强调，海南的生态环境是大自然赐予的宝贵财富，必须倍加珍惜、精心呵护，使海南真正成为中华民族的四季花园。

2018 年 4 月 26 日，习近平主持召开深入推动长江经济带发展座谈会，他在会上指出：要正确把握生态环境保护和经济发展的关系，探索协同推进生态优先和绿色发展新路子。推动长江经济带绿色发展，

图 12　海南海口东寨港的红树林景观（李幸璜摄）

海南东寨港国家级自然保护区位于海南省海口市。这里不仅是保护和研究红树林及海岸带生态系统的重要基地，还具有抵御海浪侵袭、保护农田和村舍的重要实用价值。

关键是要处理好绿水青山和金山银山的关系。这不仅是实现可持续发展的内在要求，而且是推进现代化建设的重大原则。生态环境保护和经济发展不是矛盾对立的关系，而是辩证统一的关系。生态环境保护的成败归根到底取决于经济结构和经济发展方式。要坚持在发展中保护、在保护中发展，不能把生态环境保护和经济发展割裂开来，更不能对立起来。要坚决摒弃以牺牲环境为代价换取一时经济发展的做法。

两天后，4月28日，习近平在听取湖北省委和省政府工作汇报时强调，要强化生态环境保护，牢固树立绿水青山就是金山银山的理念，统筹山水林田湖草系统治理，强化大气、水、土壤污染防治，让湖北天更蓝、地更绿、水更清。

2018年9月25日至28日，习近平在东北三省考察，实地了解东北地区振兴情况，特别提出"冰天雪地也是金山银山"。9月25日，习近平来到黑龙江视察北大荒。习近平用"棒打狍子瓢舀鱼，野鸡飞到饭锅里"盛赞当年北大荒的良好生态。9月26日，习近平察看吉林查干湖南湖生态保护情况。查干湖是我国十大淡水湖之一，也是吉林河湖连通工程的核心。他强调，良好生态环境是东北地区经济社会发展的宝贵资源，也是振兴东北的一个优势。要把保护生态环境摆在优先位置，坚持绿色发展。查干湖保护生态和发展旅游相得益彰，要坚持走下去。9月28日，习近平在沈阳主持召开深入推进东北振兴座谈会并发表重要讲话。他强调，要贯彻绿水青山就是金山银山、冰天雪地也是金山银山的理念，落实和深化国有自然资源资产管理、生态环境监管、国家公园、生态补偿等生态文明改革举措，加快统筹山水林田湖草治理，使东北地区天更蓝、山更绿、水更清。要充分利用东北地区的独特资源和优势，推进寒地冰雪经济加快发展。

贯彻绿色发展理念，必须处理好生态建设和经济发展之间的关系。2019年3月5日，习近平在参加十三届全国人大二次会议内蒙古代表团审议时指出，要保持加强生态文明建设的战略定力。保护生态环境和发展经济从根本上讲是有机统一、相辅相成的。不能因为经济发展遇到一点困难，就开始动铺摊子上项目、以牺牲环境换取经济增长的念头，甚至想方设法突破生态保护红线。在我国经济由高速增长阶段转向高质量发展阶段过程中，污染防治和环境治理是需要跨越的一道重要关口。我们必须咬紧牙关，爬过这个坡，迈过这道坎。要保持加强生态环境保护建设的定力，不动摇、不松劲、不开口子。

习近平强调，要探索以生态优先、绿色发展为导向的高质量发展新路子。要贯彻新发展理念，统筹好经济发展和生态环境保护建设的关系，努力探索出一条符合战略定位、体现内蒙古特色，以生态优先、绿色发展为导向的高质量发展新路子。要坚持底线思维，以国土空间规划为依据，把城镇、农业、生态空间和生态保护红线、永久基本农田保护红线、城镇开发边界，作为调整经济结构、规划产业发展、推进城镇化不可逾越的红线，立足本地资源禀赋特点，体现本地优势和特色。

2019 年 4 月 28 日，习近平在 2019 年中国北京世界园艺博览会开幕式上指出："我们应该追求绿色发展繁荣。绿色是大自然的底色。我一直讲，绿水青山就是金山银山，改善生态环境就是发展生产力。良好生态本身蕴含着无穷的经济价值，能够源源不断创造综合效益，实现经济社会可持续发展。"①

习近平关于"绿水青山"与"金山银山"关系的重要论述，深刻地阐明了经济发展与生态环境保护的辩证关系，为加快我国生态文明建设指明了方向。如果经济社会发展与生态环境保护不能协调，就要自觉遵循"三个绝不"，即绝不用牺牲生态环境去换取一时一地的经济增长，绝不走"先污染后治理"的老路，绝不以牺牲后代人的幸福去换取当代人的所谓"富足"，必须把保护生态环境作为优先选择。

"绿水青山就是金山银山"这一理念，内涵丰富、思想深刻、生动形象、意境深远，体现了我国发展理念和发展方式的深刻变革。这一

---

① 习近平 . 共谋绿色生活，共建美丽家园——在二〇一九年中国北京世界园艺博览会开幕式上的讲话［N］. 人民日报，2019-04-29（2）.

理念，是习近平长期研究、思考我国经济社会发展方式的认识飞跃，也是他对人类文明发展道路深刻反思的思想结晶。这一理念，继承和发展了马克思主义生态观和生产力理论，蕴含和弘扬了天人合一、道法自然的中华民族传统智慧，开辟了处理人与自然关系的新境界。"既要金山银山，也要绿水青山，绿水青山就是金山银山"，这是发展理念和方式的深刻转变，也是执政理念和方式的深刻变革，必将引领中国发展迈向新境界。

（二）植树造林、绿化祖国，是坚持"绿水青山就是金山银山"理念的重要实践

习近平在中国共产党第十九次全国代表大会上指出："开展国土绿化行动，推进荒漠化、石漠化、水土流失综合治理，强化湿地保护和恢复，加强地质灾害防治。完善天然林保护制度，扩大退耕还林还草。"[①] 森林是自然生态系统的重要组成部分，林业在维护国土安全和统筹山水林田湖综合治理中占有基础地位。习近平强调，林业建设是事关经济社会可持续发展的根本性问题。

科学家们有一个预测：假使森林从地球上全部消失，那么，陆地上的生物、淡水、固氮就会减少90%，生物放氧就会减少60%。在这样的环境下，人类是无法生存下去的。[②]

"不可想象，没有森林，地球和人类会是什么样子。"[③] 2013 年 4 月

---

① 中国共产党第十九次全国代表大会文件汇编［M］.北京：人民出版社，2017：42.

② 陈二厚，董峻，王宇，等 . 为了中华民族永续发展——习近平总书记关心生态文明建设纪实［N］.人民日报，2015-03-10（1）.

③ 习近平谈治国理政：第一卷［M］.北京：外文出版社，2018：207.

2 日，习近平在参加首都义务植树活动时指出，"森林是陆地生态系统的主体和重要资源，是人类生存发展的重要生态保障。"①

习近平对我国森林状况作了认真研究，他强调："我国总体上仍然是一个缺林少绿、生态脆弱的国家，植树造林，改善生态，任重而道远。"②"我国自然资源和自然禀赋不均衡，相对于实现全面建成小康社会的目标，相对于人民群众对良好环境的期盼，我国森林无论是数量还是质量都远远不够。"③"与全面建成小康社会奋斗目标相比，与人民群众对美好生态环境的期盼相比，生态欠债依然很大，环境问题依然严峻，缺林少绿依然是一个迫切需要解决的重大现实问题。"④

鉴于此，习近平指出："我们必须强化绿色意识，加强生态恢复、生态保护。"⑤并强调："这是个历史性的时刻。"⑥

森林是人类生存的根基，森林关系国家生态安全，要充分认识林业的极端重要性。2014 年 12 月 25 日，习近平在中央政治局常委会会议上指出："森林是我们从祖宗继承来的，要留传给子孙后代，上对得起祖宗，下对得起子孙。""森林是陆地生态的主体，是国家、民族最大的生存资本，是人类生存的根基，关系生存安全、淡水安全、国土

---

① 习近平谈治国理政：第一卷［M］.北京：外文出版社，2018：207.

② 同①.

③ 霍小光，陈菲.习近平在参加首都义务植树活动时强调　一代人接着一代人干下去　坚定不移爱绿植绿护绿［N］.人民日报，2014-04-05（1）.

④ 习近平关于社会主义生态文明建设论述摘编［M］.北京：中央文献出版社，2017：119.

⑤ 霍小光，罗宇凡.习近平在参加首都义务植树活动时强调　坚持全国动员全民动手植树造林　把建设美丽中国化为人民自觉行动［N］.人民日报，2015-04-04（1）.

⑥ 同③.

安全、物种安全、气候安全和国家外交大局。必须从中华民族历史发展的高度来看待这个问题，为子孙后代留下美丽家园，让历史的春秋之笔为当代中国人留下正能量的记录。"①

2016年1月26日，习近平在中央财经领导小组第十二次会议上再次强调："森林关系国家生态安全。要着力推进国土绿化，坚持全民义务植树活动，加强重点林业工程建设，实施新一轮退耕还林。"②"要着力提高森林质量，坚持保护优先、自然修复为主，坚持数量和质量并重、质量优先，坚持封山育林、人工造林并举。要完善天然林保护制度，宜封则封、宜造则造，宜林则林、宜灌则灌、宜草则草，实施森林质量精准提升工程。"③在外出考察期间，习近平不忘提醒各级地方干部重视抓好造林绿化工作。2016年7月20日，习近平在宁夏考察工作时指出：要加强绿色屏障建设，实施天然林保护和三北防护林工程，加强六盘山、贺兰山、罗山等自然保护区建设，继续推进封山禁牧、退耕还林还草。他明确要求把义务植树活动深入持久开展下去，为全面建成小康社会、实现中华民族伟大复兴中国梦不断创造更好的生态条件。

2019年1月23日，习近平主持召开中央全面深化改革委员会第六次会议，审议通过《天然林保护修复制度方案》。全面保护天然林，对于建设美丽中国、实现中华民族永续发展具有重大意义。要全面落实

① 陈二厚，董峻，王宇，等. 为了中华民族永续发展——习近平总书记关心生态文明建设纪实［N］.人民日报，2015-03-10（1）.

② 习近平关于社会主义生态文明建设论述摘编［M］.北京：中央文献出版社，2017：70.

③ 同②70-71.

天然林保护责任，着力建立全面保护、系统恢复、用途管控、权责明确的天然林保护修复制度体系，维护天然林生态系统的原真性、完整性，促进人与自然和谐共生。

建设绿色家园是人类的共同梦想。植树造林是实现天蓝、地绿、水净的重要途径，是最普惠的民生工程。

图 13　河北承德的塞罕坝林场（闫春生摄）

塞罕坝位于河北省承德市，与内蒙古高原浑善达克沙地相连。通过几代塞罕坝人植绿荒原，塞罕坝沙地变林海，成为我国发展绿色生态的一张名片。塞罕坝已经建成国家级森林公园和国家级自然保护区。

习近平一贯重视植树活动，从担任中共中央政治局常委到中央工作后，他不仅号召全民开展义务植树活动，而且身体力行参加植树劳动。2012 年 12 月 8 日，习近平在广东考察工作时来到深圳莲花山公园，挥锹铲土，种下一棵高山榕树。这是习近平当选中共中央总书记后首次出京考察时种下的第一棵树。沐浴着阳光、雨露，这株树如今已枝叶繁茂、气度不凡。

此后，习近平每年都参加首都义务植树活动，并就加强生态建设，提出了许多重要的新思想新理念，号召全党全民推进造林绿化这项功在当代、利在千秋的事业，为推动我国的绿化事业、建设美丽中国提供了重要遵循。2013年4月2日，习近平在参加首都义务植树活动时，要求全社会都要按照党的十八大提出的建设美丽中国的要求，切实增强生态意识，切实加强生态环境保护，把我国建设成为生态环境良好的国家。他强调把义务植树深入持久开展下去，为全面建成小康社会、实现中华民族伟大复兴中国梦不断创造更好的生态条件。

十年树木，百年树人。只有将植树造林变为全民参与的长期行动，中国才能越来越美丽。2014年4月4日，习近平参加首都义务植树活动。习近平要求，全国各族人民要一代人接着一代人干下去，坚定不移爱绿植绿护绿，把我国森林资源培育好、保护好、发展好，努力建设美丽中国。习近平强调，每一个公民都要自觉履行法定植树义务，各级领导干部更要身体力行，充分发挥全民绿化的制度优势，因地制宜，科学种植，加大人工造林力度，扩大森林面积，提高森林质量，增强生态功能，保护好每一寸绿色。

植树是一种义务，也是一种责任，更是一种情怀，还传递与传承一种精神。2015年4月3日，习近平同首都群众一起义务植树。他指出，绿化祖国，改善生态，人人有责。要积极调整产业结构，从见缝插绿、建设每一块绿地做起，从爱惜每滴水、节约每粒粮食做起，身体力行地推动资源节约型、环境友好型社会建设，推动人与自然和谐发展。2016 年 4 月 5 日，习近平参加首都义务植树活动。他说，长期以来，在我国各族人民广泛参与、积极行动下，我国森林资源持续增长，成为新世纪以来全球森林资源增长最快的国家。义务植树是全民参与生态文明建设的一项重要活动。不仅要把全民义务植树抓好，生态文明建设各项工作都要抓好，动员全社会参与。

习近平强调，发展林业是全面建成小康社会的重要内容，是生态文明建设的重要举措。各级领导干部要带头参加义务植树，身体力行地在全社会宣传新发展理念，发扬前人栽树、后人乘凉的精神，多种树、种好树、管好树，让大地山川绿起来，让人民群众的生活环境美起来。

2017 年 3 月 29 日，习近平同首都群众一起参加义务植树活动。他表示，我国历来就有在清明节前后植树的传统。全民义务植树的一个重要意义，就是让大家都树立生态文明的意识，形成推动生态文明建设的共识与合力。各级党委和政府要以功成不必在我的思想境界，统筹推进山水林田湖综合治理，加快城乡绿化一体化建设步伐，增加绿化面积，提升森林质量，持续加强生态保护，共同把祖国的生态环境建设好、保护好。

时隔一年，2018 年 4 月 2 日，习近平又同首都群众一起参加义务植树活动。植树期间，习近平同参加植树的干部群众谈起造林绿化和生态环保工作。他指出，植树造林历来是中华民族的优良传统。今天，我们来这里植树既是履行法定义务，也是建设美丽中国、推进生态文明建设、改善民生福祉的具体行动。开展国土绿化行动，既要注重数量，更要注重质量，坚持科学绿化、规划引领、因地制宜，走科学、生态、节俭的绿化发展之路，久久为功、善做善成，不断扩大森林面积，不断提高森林质量，不断提升生态系统的质量和稳定性。我们既要着力美化环境，又要让人民群众舒适地生活在其中，同美好环境融为一体。

习近平要求，各级领导干部要率先垂范、身体力行，以实际行动引领、带动广大干部群众像对待生命一样对待生态环境，持之以恒开展义务植树，踏踏实实抓好绿化工程，丰富义务植树尽责形式，人人出力，日积月累，让我们美丽的祖国更加美丽。前人栽树，后人乘凉，我们这一代人就是要用自己的努力造福子孙后代。

2019 年 4 月 8 日，习近平同首都群众一起参加义务植树活动。他指出，今年是中华人民共和国植树节设立 40 周年。40 年来，我国森林面积、森林蓄积量① 分别增长一倍左右，人工林面积居全球第一，我国对全球植被增量的贡献比例居世界首位。同时，我国生态欠账依然很大，缺林少绿、生态脆弱仍是一个需要下大气力解决的问题。

习近平强调，中华民族自古就有爱树、植树、护树的好传统。众人拾柴火焰高，众人植树树成林。要全国动员、全民动手、全社会共同参与，各级领导干部要率先垂范，持之以恒开展义务植树。要践行绿水青山就是金山银山的理念，推动国土绿化高质量发展，统筹山水

---

① 森林蓄积量是指森林中全部林木材积的总量，是反映一个国家或地区森林资源和生态环境的一个重要指标。森林蓄积量越大森林资源越丰富，反之亦然。

林田湖草系统治理，因地制宜深入推进大规模国土绿化行动，持续推进森林城市、森林乡村建设，着力改善人居环境，做到四季常绿、季季有花，发展绿色经济，加强森林管护，推动国土绿化不断取得实实在在的成效。

作为中央军委主席的习近平，还十分重视军队参与地方生态文明建设。他指出：军队要参加地方生态文明建设，同时，也要抓好部队的节能降耗、资源节约工作，最大限度降低或避免军事活动对生态环境的影响，以实际行动建设美丽中国。2013 年 8 月，在视察沈阳战区部队时，习近平指示部队要支持和参加地方生态文明建设，军民合力把美丽、富饶的白山黑水保护好、发展好。

经过多年的艰苦努力，我国森林覆盖率由中华人民共和国成立初期的 8.6% 提高到 22% 以上，森林蓄积量由 20 世纪 70 年代中期的 86.56 亿立方米增加到 151.37 亿立米。党的十八大以来，我国植树造林取得了巨大成就。全国每年造林面积达 9000 万亩。我国人工林保存面积已达 10.4 亿亩，居世界第一。

（三）积极贯彻绿色发展理念

生态环境问题归根结底是发展方式和生活方式问题。要从根本上解决生态环境问题，必须贯彻创新、协调、绿色、开放、共享的新发展理念，加快形成节约资源和保护环境的空间格局、产业结构、生产方式和生活方式，把人的经济和社会活动限制在自然资源和生态环境能够承受的限度内，给自然生态留下休养生息的时间和空间。

习近平指出："发展理念是发展行动的先导，是管全局、管根本、管方向、管长远的东西，是发展思路、发展方向、发展着力点的集中体现。"① 2013 年 10 月 7 日，习近平在亚太经合组织工商领导人峰会上强调：我们既要创新发展思路，也要创新发展手段。要打破旧的思维定式和条条框框，坚持绿色发展、循环发展、低碳发展。

2014 年全国两会期间，习近平在贵州代表团座谈时说："要树立正确发展思路，因地制宜选择好发展产业，切实做到经济效益、社会效益、生态效益同步提升，实现百姓富、生态美有机统一。"②

环境问题产生的根本原因，是粗放的生产和生活方式。粗放型发展方式的后果十分严重，它造成我国大范围雾霾、水体污染、土壤重金属超标等一系列突出环境问题。2012 年 12 月，习近平在广东考察工作时指出："我们建设现代化国家，走美欧老路是走不通的，再有几个地球也不够中国人消耗。中国现代化是绝无仅有、史无前例、空前伟大的。现在全世界发达国家人口总额不到十三亿，十三亿人口的中国实现了现代化，就会把这个人口数量提升一倍以上。走老路，去消耗资源，去污染环境，难以为继！"③习近平强调："如果仍是粗放发展，即使实现了国内生产总值翻一番的目标，那污染又会是一种什么情况？届时资源环境恐怕完全承载不了。"④

2013 年 9 月 5 日，习近平在二十国集团领导人峰会上发言指出："单纯依靠刺激政策和政府对经济大规模直接干预的增长，只治标、不

① 十八大以来重要文献选编：中［M］.北京：中央文献出版社，2016：774.
② 习近平李克强张德江俞正声刘云山王岐山张高丽分别参加全国人大会议一些代表团审议［N］.人民日报，2014-03-08（1）.
③ 习近平关于社会主义生态文明建设论述摘编［M］.北京：中央文献出版社，2017：3-4.
④ 习近平关于全面深化改革论述摘编［M］.北京：中央文献出版社，2014：103.

图 14　安徽铜陵天井湖公园（詹俊摄　中共铜陵市委提供）

　　天井湖公园位于安徽省铜陵市。铜陵是中国第一个铜工业基地的诞生地，铜工业"兴旺"了铜陵，也"污染"了铜陵。天井湖边曾经厂房连片，黑烟腾空。2010 年铜陵提出"生态优先，绿色转型"的发展战略，关停污染企业、淘汰落后产能，实现节能减排、推动循环经济。经过多年的努力，今天的天井湖终于呈现"水清岸绿产业优"。

治本，而建立在大量资源消耗、环境污染基础上的增长则更难以持久。"[1] 同年 9 月 22 日，习近平在十八届中央政治局常委会会议上要求：对破坏生态环境、大量消耗资源、严重影响人民群众身体健康的企业，要坚决关闭淘汰。如果破坏生态环境，即使是有需求的产能也要关停，特别是群众意见很大的污染产能更要"一锅端"。对一些偷排"红汤黄水"、搞得大量鱼翻白肚皮的企业，决不能心慈手软，要坚决叫停。2013 年 12 月，习近平在中央城镇化工作会议上强调："粗放扩张、人地失衡、举债度日、破坏环境的老路不能再走了，也走不通

---

① 习近平谈治国理政：第一卷［M］．北京：外文出版社，2018：335-336.

了。"①

2014 年这一年，习近平连续三次在有关会议上强调，不能再走粗放型发展的老路。6 月 3 日，习近平在 2014 年国际工程科技大会上的主旨演讲中指出："地球上的物质资源必然越用越少，大量耗费物质资源的传统发展方式显然难以为继。面向未来，世界现代化人口将快速增长，如果大家依照现存资源消耗模式生活的话，那是不可想象的。"② 6 月 9 日，习近平在两院院士大会上说："主要依靠资源等要素投入推动经济增长和规模扩张的粗放型发展方式是不可持续的。现在，世界发达水平人口全部加起来是 10 亿人左右，而我国有 13 亿多人，全部进入现代化，那就意味着世界发达水平人口要翻一番多。不能想象我们能够以现有发达水平人口消耗资源的方式来生产生活，那全球现有资源都给我们也不够用！"③ 因此，他强调："坚决摒弃损害甚至破坏生态环境的发展模式和做法，决不能再以牺牲生态环境为代价换取一时一地的经济增长。"④ 12 月 9 日，习近平在中央经济工作会议上说："从资源环境约束看，过去，能源资源和生态环境空间相对较大，可以放开手脚大开发、快发展。现在，环境承载能力已经达到或接近上限，难以承载高消耗、粗放型的发展了。"⑤

---

① 十八大以来重要文献选编：上［M］. 北京：中央文献出版社，2014：590.

② 赵成. 习近平出席 2014 年国际工程科技大会并发表主旨演讲［N］. 人民日报，2014-06-04（1）.

③ 习近平谈治国理政：第一卷［M］. 北京：外文出版社，2018：120.

④ 习近平谈治国理政：第二卷［M］. 北京：外文出版社，2017：210.

⑤ 同④ 232.

不能再走历史上的毁林毁草开荒之路。2016年8月24日，习近平在青海考察工作时指出：过去由于生产力水平低，为了多产粮食不得不毁林开荒、毁草开荒、填湖造地。现在，温饱问题稳定解决了，保护生态环境就应该而且必须成为发展的题中应有之义。他强调：多年快速发展积累的生态环境问题已经十分突出，老百姓意见大、怨言多。生态环境破坏和污染不仅影响经济社会可持续发展，而且，对人民群众健康的影响已经成为一个突出的民生问题，必须下大气力解决好。

党的十八届五中全会提出了创新、协调、绿色、开放、共享的新发展理念。这是在深刻总结国内外发展经验教训、深入分析国内外发展大势基础上提出的，集中反映了我们党对我国经济社会发展规律的新认识。习近平指出："坚持创新发展、协调发展、绿色发展、开放发展、共享发展，是关系我国发展全局的一场深刻变革。这五大发展理念相互贯通、相互促进，是具有内在联系的集合体，要统一贯彻，不能顾此失彼，也不能相互替代。哪一个发展理念贯彻不到位，发展进程都会受到影响。全党同志一定要提高统一贯彻五大发展理念的能力和水平，不断开拓发展新境界。"[1] 2016年9月3日，习近平在二十国集团工商峰会开幕式上发表主旨演讲时向世人宣告：中国"要牢固树立和坚决贯彻创新、协调、绿色、开放、共享的发展理念"[2]。

习近平强调，中国要走绿色发展之路，要把生态环境保护放在更加突出的位置。2016年3月10日，习近平在参加十二届全国人大四

① 十八大以来重要文献选编：中［M］.北京：中央文献出版社，2016：827.
② 习近平.中国发展新起点　全球增长新蓝图——在二十国集团工商峰会开幕式上的主旨演讲［N］.人民日报，2016-09-04（3）.

次会议青海代表团审议时要求："在生态环境保护建设上，一定要树立大局观、长远观、整体观，坚持保护优先，坚持节约资源和保护环境的基本国策，像保护眼睛一样保护生态环境，像对待生命一样对待生态环境，推动形成绿色发展方式和生活方式。"①

思想是行动的先导，理念是实践的指南。2008 年 11 月 17 日至 20 日，习近平在云南考察工作时强调，各级党委、政府要进一步强化生态文明观念，建立健全符合生态文明要求的经济社会发展综合评价体系，牢固树立正确的发展观、政绩观和生态观，扭转重经济指标、轻生态环境指标的倾向，推动形成经济发展是政绩、保住青山绿水是更大政绩的科学导向。2014 年 12 月 9 日，习近平在中央经济工作会议上指出："从生态环境看，大气、水、土壤等污染严重，雾霾频频光临，生态环境急需修复治理，但环保技术产品和服务很不到位。我国城乡、区域发展不平衡现象严重，但差距也是潜力。总之，这些潜在的需求如果能激发出来并拉动供给，就会成为新的增长点，形成推动发展的强大动力。"② 在这次会议上，习近平语重心长地说道："我多次强调，以经济建设为中心是兴国之要，发展是党执政兴国的第一要务，是解决我国一切问题的基础和关键。同时，我也反复强调，我们要的是有质量、有效益、可持续的发展，要的是以比较充分就业和提高劳动生产率、投资回报率、资源配置效率为支撑的发展。"③

2015 年 2 月 13 日，习近平在陕西延安主持召开陕甘宁革命老区脱

① 习近平关于社会主义生态文明建设论述摘编［M］．北京：中央文献出版社，2017：33-34．
② 同① 25．
③ 十八大以来重要文献选编：中［M］．北京：中央文献出版社，2016：245-246．

贫致富座谈会。在分析了陕甘宁革命老区加快发展方面的优势后，习近平一针见血地指出，生态环境整体脆弱是其发展的明显制约。习近平强调，推动陕甘宁革命老区发展，必须结合自然条件和资源分布，科学谋划、合理规划，在发展中要坚决守住生态红线，让天高云淡、草木成荫、牛羊成群始终成为黄土高原的特色风景。

2016 年 7 月，习近平在宁夏考察工作时指出：宁夏是西北地区重要的生态安全屏障。要大力加强绿色屏障建设，实施天然林保护和三北防护林工程，加强六盘山、贺兰山、罗山等自然保护区建设，继续推进封山禁牧、退耕还林还草。要强化源头保护，下功夫推进水污染防治，保护重点湖泊、湿地的生态环境。要加强制度建设，完善绿色发展的长效投入机制、科学决策机制、政绩考核机制、责任追究机制，建设天蓝、地绿、水美的美丽宁夏。

2017 年 5 月 26 日，习近平在主持十八届中央政治局第四十一次集体学习时指出："推动形成绿色发展方式和生活方式，是发展观的一场深刻革命。"[①] 号召全党"要坚持和贯彻新发展理念，正确处理经济发展和生态环境保护的关系"[②]，"让良好生态环境成为人民生活的增长点、成为经济社会持续健康发展的支撑点、成为展现我国良好形象的发力点"[③]。

习近平强调："要充分认识形成绿色发展方式和生活方式的重要性、紧迫性、艰巨性，把推动形成绿色发展方式和生活方式摆在更加

---

① 习近平谈治国理政：第二卷［M］.北京：外文出版社，2017：395.

② 同①.

③ 同①.

突出的位置，加快构建科学适度有序的国土空间布局体系、绿色循环低碳发展的产业体系、约束和激励并举的生态文明制度体系、政府企业公众共治的绿色行动体系，加快构建生态功能保障基线、环境质量安全底线、自然资源利用上线三大红线，全方位、全地域、全过程开展生态环境保护建设。"① 他还就推动形成绿色发展方式和生活方式提

图 15　安徽安庆凉泉村风光（鲍国华摄　中共望江县委、
望江县人民政府提供）

　　凉泉村位于安徽省安庆市望江县，曾经是一个贫穷闭塞的小山村，现在是安徽省级美丽乡村示范点。在政策帮扶下，近年来村里人自己修路、自己办厂，大力发展茶园、中药材种植等特色产业，走出一条生态发展的路。

① 习近平谈治国理政：第二卷［M］.北京：外文出版社，2017：395.

出六项重点任务：一要加快转变经济发展方式，二要加大环境污染综合治理，三要加快推进生态保护修复，四要全面促进资源节约集约利用，五要倡导推广绿色消费，六要完善生态文明制度体系。

2017年6月，习近平在山西考察工作时强调，坚持绿色发展是发展观的一场深刻革命。要从转变经济发展方式、环境污染综合治理、自然生态保护修复、资源节约集约利用、完善生态文明制度体系等方面采取超常举措，全方位、全地域、全过程开展生态环境保护。

习近平高度重视禁止洋垃圾入境工作，强调这是生态文明建设的标志性举措。2017年4月18日，他主持召开中央全面深化改革领导小组第三十四次会议，审议通过《禁止洋垃圾入境推进固体废物进口管理制度改革实施方案》。这是党中央作出的一项重大改革决策部署，是贯彻落实新发展理念的重要任务，是改善环境质量的有效手段，是保护人民群众身体健康的必然要求，也是提升国内固体废物回收利用水平的有力抓手，对于推动形成绿色发展方式和生活方式、提高生态文明建设水平具有重要意义。

习近平立足战略全局，把握发展规律，提出推动形成绿色发展方式和生活方式，为全党进一步转变发展观念、努力实现经济社会发展和生态环境保护协同共进提供了重要遵循，指明了实践路径。在中国共产党第十九次全国代表大会上，习近平再次强调坚持新发展理念。他指出，发展是解决我国一切问题的基础和关键，发展必须是科学发展，必须坚定不移贯彻创新、协调、绿色、开放、共享的发展理念。强调要"推进绿色发展。加快建立绿色生产和消费的法律制度和政策

图 16　广西桂林兴坪景观（滕彬摄）

　　兴坪镇位于广西壮族自治区桂林市阳朔县东北部，处于漓江上游。兴坪山水秀丽，吸引着来自世界各地的游客。兴坪以旅游业为核心，逐渐形成集休闲农业、旅游观光深度融合的现代农业产业链，让更多人走上绿色发展的致富路。

导向，建立健全绿色低碳循环发展的经济体系"[1]，"形成绿色发展方式和生活方式"。[2]

　　作为建设美丽中国的关键举措，习近平在党的十九大报告中提出乡村振兴战略，这也是绿色发展的重要领域及核心内容。因为农业是生态产品的重要供给者，乡村是生态涵养的主体区，生态是乡村最大的发展优势。振兴乡村，生态宜居是关键。实施乡村振兴战略，统筹山水林田湖草系统治理，加快推行乡村绿色发展方式，加强农村人居环境整治，有利于构建人与自然和谐共生的乡村发展新格局，实现百

---

[1] 中国共产党第十九次全国代表大会文件汇编 [M]．北京：人民出版社，2017：41.

[2] 同[1] 19.

姓富、生态美的统一。

2018 年 3 月 7 日，习近平在参加十三届全国人大一次会议广东代表团审议时说，发展是第一要务，人才是第一资源，创新是第一动力。中国如果不走创新驱动的发展道路，新旧动能不能顺利转换，就不能真正强大起来。习近平强调，我国经济正处在转变发展方式、优化经济结构、转换增长动力的攻关期。这是一个必须跨越的关口。要以壮士断腕的勇气，果断淘汰那些高污染、高排放的产业和企业，为新兴产业发展腾出空间。

第二天，3 月 8 日，习近平在参加山东代表团审议时指出：要推动乡村生态振兴，坚持绿色发展，加强农村突出环境问题综合治理，扎实实施农村人居环境整治三年行动计划，推进农村"厕所革命"，完善农村生活设施，打造农民安居乐业的美丽家园，让良好生态成为乡村振兴的支撑点。

2018 年 4 月 2 日，习近平在主持召开中央财经委员会第一次会议时要求，要打几场标志性的重大战役，打赢蓝天保卫战，打好柴油货车污染治理、城市黑臭水体治理、渤海综合治理、长江保护修复、水源地保护、农业农村污染治理攻坚战。要细化打好污染防治攻坚战的重大举措，尊重规律，坚持底线思维。要坚持源头防治，调整"四个结构"，做到"四减四增"。一是要调整产业结构，减少过剩和落后产业，增加新的增长动能。二是要调整能源结构，减少煤炭消费，增加清洁能源使用。三是要调整运输结构，减少公路运输量，增加铁路运输量。四是要调整农业投入结构，减少化肥、农药使用量，增加有机肥使用量。

2018 年 5 月 18 日，习近平在全国生态环境保护大会上强调，要全面推动绿色发展。绿色发展是构建高质量现代化经济体系的必然要求，是解决污染问题的根本之策。重点是调整经济结构和能源结构，优化国土空间开发布局，调整区域、流域产业布局，培育壮大节能环保产业、清洁生产产业、清洁能源产业，推进资源全面节约和循环利用，实现生产系统和生活系统循环链接，倡导简约适度、绿色低碳的生活方式，反对奢侈浪费和不合理消费。

四、良好生态环境是最普惠的民生福祉

生态文明建设同每个人息息相关。环境就是民生，青山就是美丽，蓝天也是幸福。必须坚持以人民为中心，重点解决损害群众健康的突出环境问题，提供更多优质生态产品。

浙江丽水青田小舟山的梯田（中共丽水市委提供）

（一）环境就是民生，青山就是美丽，蓝天也是幸福

2013 年 4 月，习近平在海南考察工作时提出，良好生态环境是最公平的公共产品，是最普惠的民生福祉。2018 年 5 月 18 日，在全国生态环境保护大会上，习近平进一步强调，生态环境是关系党的使命宗旨的重大政治问题，也是关系民生的重大社会问题。坚持良好生态环境是最普惠的民生福祉，折射出习近平作为马克思主义政治家的战略眼光，也体现了人民领袖的人民情怀。

2013 年 5 月 24 日，习近平在主持十八届中央政治局第六次集体学习时指出：人民群众对环境问题高度关注，可以说，生态环境在群众生活幸福指数中的地位必然会不断凸显。随着经济社会发展和人民生

图 17　安徽广德的红枫林景观
（裴安海摄　中共广德市委、广德市人民政府提供）

安徽省广德市保留着一大片原始的红枫林。安徽省将红枫林作为重点公益林进行保护和生态建设，每年初冬红枫林都呈现一片层林尽染的火红美景。

活水平不断提高，环境问题往往最容易引起群众不满，弄得不好也往往最容易引发群体性事件。2015 年 3 月 6 日，习近平在参加十二届全国人大三次会议江西代表团审议时说：环境就是民生，青山就是美丽，蓝天也是幸福。

2019 年 3 月 5 日，习近平在参加十三届全国人大二次会议内蒙古代表团审议时指出，要打好污染防治攻坚战。解决好人民群众反映强烈的突出环境问题，既是改善环境民生的迫切需要，也是加强生态文明建设的当务之急。要保持攻坚力度和势头，坚决治理"散乱污"企业，继续推进重点区域大气环境综合整治，加快城镇、开发区、工业园区污水处理设施建设，深入推进农村牧区人居环境整治。

（二）坚持生态惠民、生态利民、生态为民

人民群众对干净的水、新鲜的空气、安全的食品、优美的环境的要求越来越强烈，生态环境保护慢不得、等不起。必须把人民群众对良好生态环境的向往作为我们的奋斗目标，牢固树立生态惠民、生态利民、生态为民的理念，加快推进生态文明建设。

环境问题不仅是经济问题，也是政治问题和民生问题。2013 年 4 月 25 日，习近平在十八届中央政治局常委会会议上指出："今年以来，我国雾霾天气、一些地区饮水安全和土壤重金属含量过高等严重污染问题集中暴露，社会反映强烈。经过三十多年快速发展积累下来的环境问题进入了高强度频发阶段。这既是重大经济问题，也是重大社会和政治问题。"①

---

① 习近平关于社会主义生态文明建设论述摘编［M］.北京：中央文献出版社，2017：4.

他强调："人民群众不是对国内生产总值增长速度不满，而是对生态环境不好有更多不满。我们一定要取舍，到底要什么？从老百姓满意不满意、答应不答应出发，生态环境非常重要；从改善民生的着力点看，也是这点最重要。"①

一定要下决心解决影响人民群众身体健康的雾霾问题，让人民群众呼吸新鲜的空气。2013 年 9 月，习近平在参加河北省委常委班子专题民主生活会时说："这些年，北京雾霾严重，可以说是'高天滚滚粉尘急'，严重影响人民群众身体健康，严重影响党和政府形象。"② 2013 年 12 月 10 日，习近平在中央经济工作会议上指出：今年以来，各地雾霾天气多发频发，空气严重污染的天数增加，社会反映十分强烈。这既是环境问题，也是重大民生问题，发展下去必然是重大政治问题。有关地区和部门要立军令状，立行立改，不能把雾霾当成茶余饭后的一个谈资，一笑了之、一谈了之了！2014 年 3 月 7 日，习近平参加十二届全国人大二次会议贵州代表团审议。当谈及一些城市空气质量不好的问题时，他坚定地表示："我们要下决心解决这个问题，让人民群众呼吸新鲜的空气。"③ 2014 年 2 月 26 日，习近平在北京市考察工作时指出：应对雾霾污染、改善空气质量的首要任务是控制 PM2.5（细颗粒物）。虽然说按国际标准控制 PM2.5 对整个中国来讲提得早了，超越了我们的发展阶段，但要看到这个问题引起广大干部群众高度关注，

---

① 习近平关于社会主义生态文明建设论述摘编［M］.北京：中央文献出版社，2017：83.

② 同①85.

③ 李斌，霍小光."改革的集结号已经吹响"——习近平总书记同人大代表、政协委员共商国是纪实［N］.人民日报，2014–03–13（1）.

国际社会也关注。所以，我们必须处置。民有所呼，我有所应！2016年8月19日，习近平在全国卫生与健康大会上指出：绿水青山不仅是金山银山，也是人民群众健康的重要保障。

2018年5月18日，在全国生态环境保护大会上，习近平明确提出社会主义生态文明的价值取向：良好生态环境是最普惠的民生福祉，坚持生态惠民、生态利民、生态为民，重点解决损害群众健康的突出环境问题，不断满足人民日益增长的优美生态环境需要。

（三）支持优质生态环境公共产品供给，让良好生态成为最普惠的民生福祉

"建设生态文明，关系人民福祉，关乎民族未来。"[1] "良好生态环境是最公平的公共产品，是最普惠的民生福祉。"[2] 这一认识反映了习近平生态文明思想的民生本质。

中国以脆弱的生态承载着世界上最大规模的人口发展压力，成功实现了从经济弱国到经济大国的跃迁。在辉煌的经济成就背后，中国付出高昂的生态、资源及环境代价。党的十八大以来，以习近平同志为核心的党中央把生态文明建设作为统筹推进"五位一体"总体布局和协调推进"四个全面"战略布局的重要内容，谋划开展了一系列根本性、长远性、开创性工作，推动生态文明建设和生态环境保护从实践到认识发生了历史性、转折性、全局性变化。当前，我国生态文明建设正处于压力叠加、负重前行的关键期，已进入提供更多优质生态

---

[1] 习近平谈治国理政：第一卷［M］.北京：外文出版社，2018：208.

[2] 习近平关于社会主义生态文明建设论述摘编［M］.北京：中央文献出版社，2017：4.

图 18　新疆博尔塔拉河河谷（魏永龙摄）

博尔塔拉河是中国新疆准噶尔盆地西部的一条内陆河，河水给两岸带来勃勃生机。

产品以满足人民日益增长的优美生态环境需要的攻坚期，也到了有条件、有能力解决生态环境突出问题的窗口期。习近平把生态环境视为全面建成小康社会的突出短板。他指出："扭转环境恶化、提高环境质量是广大人民群众的热切期盼，是'十三五'时期必须高度重视并切实推进的一项重要工作。"①

　　不断满足人民群众日益增长的优美生态环境需要，是习近平生态文明思想的根本出发点。我们大力推进生态文明建设，根本目的是回应人民群众所想、所盼、所急，提供更多优质生态产品，不断满足人民群众日益增长的优美生态环境需要。什么是优质生态产品？清新的空气、洁净的水、碧海蓝天、绿水青山、未被污染的土地……

① 习近平谈治国理政：第二卷［M］.北京：外文出版社，2017：390–391.

习近平强调，要把解决突出生态环境问题作为民生优先领域。坚决打赢蓝天保卫战是重中之重，要以空气质量明显改善为刚性要求，强化联防联控，基本消除重污染天气，还老百姓蓝天白云、繁星闪烁。要深入实施水污染防治行动计划，保障饮用水安全，基本消灭城市黑臭水体，还老百姓清水绿岸、鱼翔浅底的景象。要全面落实土壤污染防治行动计划，突出重点区域、行业和污染物，强化土壤污染管控和修复，有效防范风险，让老百姓吃得放心、住得安心。要持续开展农村人居环境整治行动，打造美丽乡村，为老百姓留住鸟语花香的田园风光。习近平的这些话语，处处着眼老百姓的生活质量，句句说在老百姓的心坎上。

2018 年 12 月 18 日，习近平在庆祝改革开放 40 周年大会上强调，我们要加强生态文明制度建设，实行最严格的生态环境保护制度。回顾过去，展望未来，他深情地说道："40 年来，我们始终坚持保护环境和节约资源，坚持推进生态文明建设，生态文明制度体系加快形成，主体功能区制度逐步健全，节能减排取得重大进展，重大生态保护和修复工程进展顺利，生态环境治理明显加强，积极参与和引导应对气候变化国际合作，中国人民生于斯、长于斯的家园更加美丽宜人！"①"我们要加强生态文明建设，牢固树立绿水青山就是金山银山的理念，形成绿色发展方式和生活方式，把我们伟大祖国建设得更加美丽，让人民生活在天更蓝、山更绿、水更清的优美环境之中。"②

---

① 习近平 . 在庆祝改革开放 40 周年大会上的讲话［M］. 北京：人民出版社，2018：14–15.
② 同①29.

五、山水林田湖草是生命共同体

　　山水林田湖草是生命共同体，是习近平生态文明思想的系统论。生态环境是统一的有机整体。必须按照系统工程的思路，构建生态环境治理体系，着力扩大环境容量和生态空间，全方位、全地域、全过程开展生态环境保护。

四川阿坝州若尔盖草原（中共四川省委党史研究室提供）

（一）统筹山水林田湖草系统治理，实施主体功能区战略

实施主体功能区战略是促进区域协调发展、实现人口与经济合理分布的有效途径，是实现可持续发展、提高资源利用率的迫切需求，是坚持以人为本、实现公共服务均等化的必然要求，也是提高区域调控水平、增强区域宏观调控有效性的重要措施。

全国主体功能区规划就是要根据资源环境承载能力、现有开发密度和发展潜力，统筹考虑并谋划未来我国的人口分布、经济布局、国土利用和城镇化格局，将国土空间划分为优化开发、重点开发、限制开发和禁止开发四类。

习近平高度重视统筹山水林田湖草系统治理和实施主体功能区战略。在中国共产党第十九次全国代表大会上，习近平指出：要"加强对生态文明建设的总体设计和组织领导"[1]，"统筹山水林田湖草系统治理"[2]，"构建国土空间开发保护制度，完善主体功能区配套政策，建立以国家公园为主体的自然保护地体系"[3]。我国国土面积广大，各地自然条件也不相同，如果定位错了，之后的一切都不可能正确。习近平认为：实施主体功能区战略是国土空间开发保护的基础制度，也是从源头上保护生态环境的根本举措。他指出："主体功能区战略，是加强生态环境保护的有效途径，必须坚定不移加快实施。要严格实施环境功能区划，严格按照优化开发、重点开发、限制开发、禁止开发的主体功能定位，在重要生态功能区、陆地和海洋生态环境敏感区、脆弱

---

① 中国共产党第十九次全国代表大会文件汇编［M］.北京：人民出版社，2017：42.

② 同① 19.

③ 同①.

区，划定并严守生态红线，构建科学合理的城镇化推进格局、农业发展格局、生态安全格局，保障国家和区域生态安全，提高生态服务功能。"[①]他强调："要科学布局生产空间、生活空间、生态空间，扎实推进生态环境保护，让良好生态环境成为人民生活的增长点，成为展现我国良好形象的发力点。"[②]

保护好生态环境，要有科学和系统的视野。在习近平看来，一个良好的自然生态系统，是大自然在亿万年间形成的，是一个复杂的系统。2013 年 11 月 9 日，习近平在十八届三中全会上作关于《中共中央关于全面深化改革若干重大问题的决定》的说明时指出："我们要认识到，山水林田湖是一个生命共同体，人的命脉在田，田的命脉在水，水的命脉在山，山的命脉在土，土的命脉在树。用途管制和生态修复必须遵循自然规律，如果种树的只管种树、治水的只管治水、护田的单纯护田，很容易顾此失彼，最终造成生态的系统性破坏。由一个部门行使所有国土空间用途管制职责，对山水林田湖进行统一保护、统一修复是十分必要的。"[③]

2014 年 3 月 14 日，习近平在中央财经领导小组第五次会议上说：全国绝大部分水资源涵养在山区丘陵和高原，如果破坏了山、砍光了林，也就破坏了水，山就变成了秃山，水就变成了洪水，泥沙俱下，地就变成了没有养分的不毛之地，水土流失、沟壑纵横。习近平对这个"生命共同体"作出了生动阐释。

① 习近平关于全面建成小康社会论述摘编 [M]. 北京：中央文献出版社，2016：166.

② 同① 176.

③ 习近平关于社会主义生态文明建设论述摘编 [M].北京：中央文献出版社，2017：47.

几年后，习近平关于山水林田湖作为生命共同体的理念，又有进一步的拓展。2017 年 7 月 19 日，在中央全面深化改革领导小组第三十七次会议上，习近平在谈及建立国家公园体制时说道："坚持山水林田湖草是一个生命共同体。"我国草原面积有近 4 亿公顷，约占陆地国土面积的41.7%。[①]增加了一个"草"字，把草原这一我国最大的陆地生态系统纳入其中，使"生命共同体"的内涵更为广泛、完整。

2016 年 8 月 30 日，习近平主持召开中央全面深化改革领导小组第二十七次会议，审议通过《重点生态功能区产业准入负面清单编制实施办法》。这次会议强调，编制重点生态功能区产业准入负面清单，对于严格管制各类开发活动、减少对自然生态系统的干扰、维护生态系统的稳定性和完整性，意义重大。2017 年 5 月 26 日，习近平在主持十八届中央政治局第四十一次集体学习时指出：要重点实施青藏高原、黄土高原、云贵高原、秦巴山脉、祁连山脉、大小兴安岭和长白山、南岭山地地区、京津冀水源涵养区、内蒙古高原、河西走廊、塔里木河流域、滇桂黔喀斯特地区等关系国家生态安全区域的生态修复工程，筑牢国家生态安全屏障。三个月后，2017 年 8 月 29 日，习近平主持召开中央全面深化改革领导小组第三十八次会议，审议通过了《关于完善主体功能区战略和制度的若干意见》。这次会议指出，建设主体功能区是我国经济发展和生态环境保护的大战略。完善主体功能区战略和制度，要发挥主体功能区作为国土空间开发保护基础制度的作用，

---

① 董峻，王立彬，高敬，等 . 开创生态文明新局面——党的十八大以来以习近平同志为核心的党中央引领生态文明建设纪实［N］. 人民日报，2017–08–03（1）.

推动主体功能区战略格局在市县层面精准落地，健全不同主体功能区差异化协同发展长效机制，加快体制改革和法治建设，为优化国土空间开发保护格局、创新国家空间发展模式夯实基础。

2019 年 1 月 23 日，习近平主持召开中央全面深化改革委员会第六次会议，审议通过《关于建立国土空间规划体系并监督实施的若干意见》。会议指出，将主体功能区规划、土地利用规划、城乡规划等空间规划融合为统一的国土空间规划，实现"多规合一"，是党中央作出的重大决策部署。要科学布局生产空间、生活空间、生态空间，体现战略性、提高科学性、加强协调性，强化规划权威，改进规划审批，健全用途管制，监督规划实施，强化国土空间规划对各专项规划的指导、约束作用。

2019 年 4 月 28 日，习近平在 2019 年中国北京世界园艺博览会开幕式上指出："我们应该追求科学治理精神。生态治理必须遵循规律，科学规划，因地制宜，统筹兼顾，打造多元共生的生态系统。只有赋之以人类智慧，地球家园才会充满生机活力。生态治理，道阻且长，行则将至。我们既要有只争朝夕的精神，更要有持之以恒的坚守。"①

从战略上高度重视草原建设，筑牢我国北方生态安全屏障。内蒙古是我国北方面积最大、种类最全的生态功能区，具有森林、草原、湿地、湖泊、沙漠、戈壁等多种自然形态。2014 年春节前夕，习近平来到内蒙古考察工作。在习近平心中，这片热土既要保持美丽的生态，

---

① 习近平 . 共谋绿色生活，共建美丽家园——在二〇一九年中国北京世界园艺博览会开幕式上的讲话［N］. 人民日报，2019-04-29（2）.

也要建成幸福的家园。"内蒙古的生态状况如何，不仅关系内蒙古各族群众生存和发展，也关系华北、东北、西北乃至全国生态安全，要努力把内蒙古建成我国北方重要的生态安全屏障。"习近平对内蒙古长远发展提出清晰的战略指引：把内蒙古建成"我国北方重要的生态安全屏障"和"祖国北疆安全稳定的屏障"。习近平立足全国，给内蒙古各级干部群众明确指引："我看出路主要有两条，一条是继续组织实施好重大生态修复工程，搞好京津风沙源治理、三北防护林体系建设、退耕还林、退牧还草等重点工程建设；一条是积极探索加快生态文明制度建设。"

习近平指出："天苍苍，野茫茫，风吹草低见牛羊，内蒙古就有这样的美丽风光。保护好内蒙古大草原的生态环境，是各族干部群众的重大责任。要积极探索推进生态文明制度建设，为建设美丽草原、建设美丽中国作出新贡献。实现绿色发展，关键要有平台、技术、手段。绿化只搞'奇花异草'不可持续，盲目引进也不一定适应，要探索一条符合自然规律、符合国情地情的绿化之路。"①

近年来，内蒙古自治区以草原、森林为主体，重点建设大兴安岭、阴山和贺兰山生态防护屏障，建设沙地防治区、沙漠防治区、草原保护与治理区、黄土高原丘陵沟壑水土保持区，加强湿地等禁止开发区域的保护和地质环境治理，努力推动形成"三屏四区"的生态安全屏障。

---

① 习近平春节前夕赴内蒙古调研看望慰问各族干部群众　向全国各族人民致以新春祝福
　　[N].人民日报，2014-01-30（1）.

2018年3月5日，习近平在参加十三届全国人大一次会议内蒙古代表团审议时强调，要加强生态环境保护建设，统筹山水林田湖草治理，精心组织实施京津风沙源治理、三北防护林建设、天然林保护、退耕还林、退牧还草、水土保持等重点工程，实施好草畜平衡、禁牧休牧等制度，加快呼伦湖、乌梁素海、岱海等水生态综合治理，加强荒漠化治理和湿地保护，加强大气、水、土壤污染防治，在祖国北疆构筑起万里绿色长城。

2019年3月5日，十三届全国人大二次会议期间，习近平来到内蒙古代表团参加审议时指出，内蒙古的生态状况如何，不仅关系全自治区各族群众的生存和发展，而且关系华北、东北、西北乃至全

图 19　内蒙古呼伦贝尔草原风光（云荣布扎木苏摄）

呼伦贝尔草原位于内蒙古自治区东北部，大兴安岭以西的呼伦贝尔高原上。这里水草丰美，自然资源丰饶，是我国天然的优良牧场。

国的生态安全。把内蒙古建成我国北方重要生态安全屏障，是立足全国发展大局确立的战略定位，也是内蒙古必须自觉担负起的重大责任。构筑我国北方重要生态安全屏障，把祖国北疆这道风景线建设得更加亮丽，必须以更大的决心，付出更为艰巨的努力。习近平强调，要加大生态系统保护力度。内蒙古有森林、草原、湿地、河流、湖泊、沙漠等多种自然形态，是一个长期形成的综合性生态系统，生态保护和修复必须进行综合治理。保护草原、森林是内蒙古生态系统保护的首要任务。必须遵循生态系统内在的机理和规律，坚持自然恢复为主的方针，因地制宜、分类施策，增强针对性、系统性、长效性。习近平再次嘱咐，要抓好内蒙古呼伦湖、乌梁素海、岱海的生态综合治理，对症下药，切实抓好落实。①

2019 年 7 月 15 日至 16 日，习近平再次来到内蒙古考察调研。习近平对内蒙古生态环境保护十分关心。7 月 15 日，他来到赤峰市喀喇沁旗马鞍山林场，听取当地生态文明建设和林场工作情况汇报。习近平走进林区，察看林木长势，同护林员们交流。大家告诉习近平，近年来林场森林面积逐年增加，野生动物多了，生态环境好了，收益也多了，人们更加深刻地认识到绿水青山就是金山银山。习近平听了很高兴。他强调，筑牢祖国北方重要的生态安全屏障，守好这方碧绿、这片蔚蓝、这份纯净，要坚定不移走生态优先、绿色发展之路，世世代代干下去，努力打造青山常在、绿水长流、空气常

---

① 习近平在参加内蒙古代表团审议时强调　保持加强生态文明建设的战略定力　守护好祖国北疆这道亮丽风景线［N］．人民日报，2019-03-06（1）．

新的美丽中国。

"水乃万物之源，诸生之宗始也"，这是中国的一句古语。历史上的古代文明也大多诞生于大江大河流域。习近平心中时刻装着祖国的山山水水。他在考察中，总是嘱咐各地注意修复和保护好每一条江河。

搞好东濠涌①等绿道，关系到建设美丽中国的局部。2012 年 12 月 7 日至 11 日，习近平来到广东考察，十分关心生态文明建设。习近平说："东濠涌以及遍布广东各地的绿道，都是美丽中国、永续发展的局部细节。如果方方面面都把这些细节做好，美丽中国的宏伟蓝图就能实现。希望广州的同志再接再厉，在过去打下的坚实基础上，在十八大精神的指引下，把城市建设得更宜居。"

一定要把桂林山水保护好。2010 年 3 月 10 日，习近平参加十一届全国人大三次会议广西代表团审议时说："我对漓江的印象非常深刻、非常美好。"他深情地向大家透露了自己的"漓江情结"："我在青少年时期，就曾与几位同学到过漓江。我记得当时的江面是湛蓝色的，泛光见底。江边渔民鱼篓里的鱼都是金鲤鱼，感觉就像在神话故事里一样。""漓江的生态建设与科学保护，兹事体大。"习近平反复叮嘱说："漓江的水质决不能破坏。漓江不仅是广西人民的漓江，也是全国人民、全世界人民的漓江，还是全人类共同拥有的自然遗产。我们一定要很好地呵护漓江，科学保护好漓江。"2015 年 3 月 8 日，十二届全

---

① 东濠涌位于广州市越秀区，发源于白云山南麓，一路向南汇入珠江，从北到南全长约 3000 米。东濠涌是广州旧城区的护城河，东濠涌整治工程被广州市列入大型治水工程。经过雨污分流、拆迁治污等方法，东濠涌已经恢复原生态环境，沿岸绿道也成为美丽广州的亮丽风景。

图 20　广西桂林象鼻山风光（黄珊虎摄）

象鼻山原名漓山，位于广西桂林市内桃花江与漓江汇流处，山因酷似一只站在江边伸鼻豪饮漓江甘泉的巨象而得名，被人们称为桂林山水的象征。桂林拥有优良的生态环境和绝佳的旅游资源，始终坚持把水更清、山更绿放在首位，进一步推动旅游业和经济的可持续发展。

国人大三次会议期间，习近平在广西代表团叮嘱：一定要把桂林山水保护好。2017 年 4 月 19 日至 21 日，习近平在广西考察工作。他指出，广西的生态优势金不换。要坚持把节约优先、保护优先、自然恢复作为基本方针，把人与自然和谐相处作为基本目标，使八桂大地青山常在、清水长流、空气常新，让良好生态环境成为人民生活质量的增长点、展现美丽形象的发力点。

一定要把洱海保护好。2015 年 1 月 19 日至 21 日，习近平在云南考察工作。他指出，新农村建设一定要走符合农村实际的路子，遵循乡村自身发展规律，充分体现农村特点，注意乡土味道，保留乡村风貌，留得住青山绿水，记得住乡愁。在洱海边，习近平仔细察看生态保护湿地，听取洱海保护情况介绍。他谆谆嘱咐各级干部，经济要发展，但不能以破坏生态环境为代价。生态环境保护是一项长期任务，要久久为功。一定要把洱海保护好，让"苍山不墨千秋画，洱海无弦万古琴"的自然美景永驻人间。在碧波荡漾的洱海畔，习近平和当地干部合影后说："立此存照，过几年再来，希望水更干净清澈。"

此外，习近平高度重视塔里木河流域的生态修复。他指出，要重点实施塔里木河流域的生态修复工程，筑牢国家生态安全屏障。塔里木河位于塔里木盆地北部，是我国最长的内陆河。从 20 世纪五六十年

图 21　云南洱海景观（唐昌国摄）

洱海位于云南省大理州大理市，是云南省第二大湖。洱海的治理与保护是一件长期而艰巨的任务。近年来云南关停高污染的环湖企业、建设环湖污水处理系统、推动洱海流域形成绿色生产方式，洱海的治理已经初见成效。

代开始，随着塔里木盆地的人口和耕地不断增加，塔里木河的径流量日趋减少，下游常年处于断流状态，地下水水位也不断下降。两岸绵延千里的胡杨林开始大面积衰败、枯死，生态功能减退。塔里木河的尾闾湖①——罗布泊和台特玛湖相继干涸，气候变得更加干旱，风沙危害日益严重。为此，自 2000 年起，中央政府投入 100 多亿元资金挽救塔里木河下游地区的生态危机，重要措施之一就是对这一地区实施应急输水。

为了保证生态用水，从 2015 年开始，新疆在塔里木河中下游地区有计划地大面积休耕。位于塔里木河干流下游的大西海子水库退出了农业灌溉功能，成为塔里木河下游的"专职"生态输水通道。截至 2017 年 6 月，这样的生态输水已有 18 次。生态输水结束了塔里木河下游河道连续断流近 30 年的历史，恢复了塔里木河流域的生机。干涸了几十年的台特玛湖也重现碧波荡漾的景色，面积最大时能有 260 多平方千米的湖面。

1978 年，是我国实行改革开放的伟大起点，也是我国建设三北工程的伟大起点。党中央、国务院站在中华民族长远生存与发展的战略高度，果断作出在我国西北、华北北部和东北西部建设"三北"防护林体系（简称三北工程）的重大决策。邓小平推动了这一决策的形成和落实。为了根治我国"三北"地区的风沙危害和水土流失，1978年，邓小平在《关于在我国北方地区建设大型防护林带的建议》上作出重要批示，从此拉开了三北工程建设的序幕。1978 年 11 月 25 日，

---

① 尾闾湖又称河口湖，指在干旱地区的河流终点，经常有地表水流入而无水流出的湖泊。

国务院决定在"三北"地区建设大型防护林工程，并列入国民经济和社会发展重点项目。这项工程从 1978 年开始，拟到 2050 年结束，预计历时 72 年。建设范围东起黑龙江宾县，西至新疆乌孜别里山口，横贯东北西部、华北北部、西北 13 个省、自治区和直辖市的 551 个县，全长 8000 千米，宽 400 至 700 千米，占陆地国土总面积的 42.4%。

三北工程是中华民族的又一伟大创举，也是世界生态建设史上的奇迹。这一重大生态工程，为我国北方树起了一道坚实的绿色屏障，成为统筹人与自然和谐发展的标志性工程。1978 年至 2050 年的三北工程规划，恰与我国改革开放全程同步，三北工程全面建成之际，也将是我国社会主义现代化建设第三步战略目标[①]基本实现之时。中国共产党率领中国人民将现代化建设与生态建设同步进行的科学态度，向世人展示了中华民族建设自己美好家园的坚强决心与信心。

经过 40 多年不懈奋斗，三北工程建设取得丰硕成果，构筑的生态屏障为我国生态文明建设和全球生态治理树立了成功典范。习近平站在中华民族永续发展的战略高度，强调在新时代要持续不懈地推进三北工程建设。2018 年 11 月 30 日，三北工程建设 40 周年总结表彰大会在北京召开。会前，习近平对三北工程建设作出重要指示。他强调："三北工程建设是同我国改革开放一起实施的重大生态工程，是生态文明建设的一个重要标志性工程。经过 40 年不懈努力，三北工程建设取

---

① 1987 年 10 月，党的十三大正式确定分"三步走"实现现代化的战略部署，即：第一步，到 1990 年实现国民生产总值比 1980 年翻一番，解决人民的温饱问题；第二步，到 20 世纪末，使国民生产总值再增长一倍，人民生活达到小康水平；第三步，到 21 世纪中叶，人均国民生产总值达到中等发达国家水平，人民生活比较富裕，基本实现现代化。

得巨大生态、经济、社会效益，成为全球生态治理的成功典范。当前，三北地区的生态依然脆弱。继续推进三北工程建设不仅有利于区域可持续发展，也有利于中华民族永续发展。要坚持久久为功，创新体制机制，完善政策措施，持续不懈地推进三北工程建设，不断提升林草资源总量和质量，持续改善三北地区生态环境，巩固和发展祖国北疆绿色生态屏障，为建设美丽中国作出新的更大贡献。"①

海纳百川、有容乃大。习近平高度重视海洋生态文明建设。2013年7月30日，习近平在主持十八届中央政治局第八次集体学习时说：保护海洋生态环境，着力推动海洋开发方式向循环利用型转变。他强调，要把海洋生态文明建设纳入海洋开发总布局之中，坚持开发和保护并重、污染防治和生态修复并举，科学合理开发利用海洋资源，维护海洋自然再生产能力。2018年4月13日，习近平在庆祝海南建省办经济特区30周年大会上指出：要严格保护海洋生态环境，建立健全陆海统筹的生态系统保护修复和污染防治区域联动机制。2019年4月23日，习近平会见出席海军成立70周年多国海军活动外方代表团团长时说：海洋对于人类社会生存和发展具有重要意义。海洋孕育了生命、联通了世界、促进了发展。我们人类居住的这个蓝色星球，不是被海洋分割成了各个孤岛，而是被海洋连结成了命运共同体，各国人民安危与共。他指出，中国提出共建21世纪海上丝绸之路倡议，就是希望促进海上互联互通和各领域务实合作，推动蓝色经济发展，推动

---

① 习近平对三北工程建设作出重要指示强调　坚持久久为功　创新体制机制　完善政策措施　巩固和发展祖国北疆绿色生态屏障［N］.人民日报，2018-12-01（2）.

海洋文化交融，共同增进海洋福祉。他强调，我们要像对待生命一样关爱海洋。中国全面参与联合国框架内海洋治理机制和相关规则制定与实施，落实海洋可持续发展目标。中国高度重视海洋生态文明建设，持续加强海洋环境污染防治，保护海洋生物多样性，实现海洋资源有序开发利用，为子孙后代留下一片碧海蓝天。

（二）保护好三江源，筑牢国家生态安全屏障

我国大江大河上游地区是中华民族的生态屏障，一定要保护其植被。2014 年 9 月 28 日，习近平在中央民族工作会议上指出："许多民族地区地处大江大河上游，是中华民族的生态屏障，开发资源一定要注意惠及当地、保护生态，决不能一挖了之，决不能为一时发展而牺牲生态环境。要把眼光放长远些，坚持加强生态保护和环境整治、加快建立生态补偿机制、严格执行节能减排考核'三管齐下'，做到既要金山银山、更要绿水青山，保护好中华民族永续发展的本钱。"①

青海、西藏在生态上具有全局性战略地位。习近平强调，青海是中华水塔，西藏是世界屋脊。如果把青海、西藏污染了，多搞几百亿元的生产总值又有什么意义呢？要坚持生态保护第一。他指出："青海和西藏的主要区域是重点生态功能区，是世界第三极，生态产品和服务的价值极大。如果盲目开发造成破坏，今后花多少钱也补不回来。"②

保护好西藏的碧水蓝天。2011 年 7 月 18 日，习近平率中央代表团全体成员来到拉萨，出席西藏和平解放 60 年成就展开幕式并参观展

---

① 习近平关于社会主义生态文明建设论述摘编［M］.北京：中央文献出版社，2017：24.
② 习近平谈治国理政：第二卷［M］.北京：外文出版社，2017：81.

览。他说，西藏的生态保护是重要课题，要很好地保护西藏的碧水蓝天。2015 年 1 月 12 日，在中共中央党校第一期县委书记研修班座谈会上，习近平说道："西藏要保护生态，要把中华水塔守好，不能捡了芝麻丢了西瓜，生态出问题得不偿失。"① 当洁白的哈达飘向世界，当醇香的青稞酒香满神州，西藏的美丽、富饶将成为中华民族伟大复兴的一道独特风景，屹立在地球之巅。

2015 年 8 月 24 日，在中央第六次西藏工作座谈会上，习近平强调："要坚持生态保护第一，采取综合举措，加大对青藏高原空气污染源、土地荒漠化的控制和治理，加大草地、湿地、天然林保护力度。"②

三江源地区位于我国青海省南部，平均海拔 3500 至 4800 米，是世界屋脊——青藏高原的腹地，为孕育中华民族、中南半岛悠久文明历史的世界著名江河——长江、黄河和澜沧江—湄公河的源头汇水区。2016 年 3 月 10 日，习近平参加十二届全国人大四次会议青海代表团审议时指出："要深入落实国家主体功能区规划，着力推进生态文明先行区、循环经济发展先行区、民族团结进步先进区建设，扎扎实实推进生态环境保护，扎扎实实推进脱贫攻坚，扎扎实实推进民族地区发展。"③并强调："要搞好中国三江源国家公园体制试点，统筹推进生态工程、

---

① 张晓华，罗宇凡，王恒涛，等.谱写雪域高原中国梦的新篇章——以习近平同志为总书记的党中共关心西藏发展纪实［N］.人民日报，2015-09-06（1）.

② 习近平在中央第六次西藏工作座谈会上强调　依法治藏富民兴藏长期建藏　加快西藏全面建成小康社会步伐［N］.人民日报，2015-08-26（1）.

③ 习近平李克强张德江王岐山张高丽分别参加全国人大会议一些代表团审议［N］.人民日报，2016-03-11（1）.

节能减排、环境整治、美丽城乡建设，筑牢国家生态安全屏障，使青海成为美丽中国的亮丽名片。"① 同年 8 月 23 日，习近平来到青海省生态环境监测中心考察时指出，中华水塔是国家的生命之源，保护好三江源，对中华民族发展至关重要。青海省担负着筑牢国家生态屏障的重要职责。他一再嘱咐：要"从实际出发，全面落实主体功能区规划要求，使保障国家生态安全的主体功能全面得到加强"②。

青海的生态地位十分重要，"青海最大的价值在生态、最大的责任

图 22　青海湖畔盛开的油菜花（中共青海省委党史研究室提供）
近年来，青海省积极推进土地整理项目。图为青海湖畔进行土地整理后的景观。

---

① 习近平李克强张德江王岐山张高丽分别参加全国人大会议一些代表团审议［N］.人民日报，2016-03-11（1）.

② 习近平在青海考察时强调　尊重自然顺应自然保护自然　坚决筑牢国家生态安全屏障［N］.人民日报，2016-08-25（1）.

在生态、最大的潜力也在生态"①。习近平谆谆嘱咐，青海要全面落实主体功能区规划的要求。2016年8月24日，习近平在青海考察工作结束时发表重要讲话，详细阐述了青海在我国生态功能区的重要地位，要求青海全面落实主体功能区规划要求，确保中华民族生态安全。他指出：青海的生态地位重要而特殊。青海是长江、黄河、澜沧江的发源地，三江源地区被誉为"中华水塔"。青海湖是阻止西部荒漠向东蔓延的天然屏障，是维系青藏高原东北部生态安全的重要结点。祁连山作为"青海北大门"，其冰川、雪山融化形成的河流不但滋润灌溉着青海祁连山地区，而且滋润灌溉着甘肃、内蒙古部分地区，被誉为河西走廊的"天然水库"。青海独特的生态环境，造就了世界上高海拔地区独一无二的大面积湿地生态系统，是世界上高海拔地区生物多样性最集中的地区，是高寒生物自然物种资源库。所以，青海的生态地位十分重要，无法替代。

青海地处青藏高原，生态就像水晶一样，弥足珍贵而又非常脆弱。青海省72万平方千米国土面积中，90%属于限制开发或者禁止开发区域。这决定了青海保护生态环境的范围广、任务重、难度大。习近平要求：保护好三江源，保护好中华水塔，是青海义不容辞的重大责任，来不得半点闪失。

习近平强调：推进生态环境保护，要坚持保护优先，坚持自然恢复和人工恢复相结合。要从青海的实际出发，全面落实主体功能区规

---

① 习近平在青海考察时强调 尊重自然顺应自然保护自然 坚决筑牢国家生态安全屏障 [N].人民日报，2016-08-25（1）.

划要求，使保障国家生态安全的主体功能全面得到加强。要统筹推进生态工程、节能减排、环境整治、美丽城乡建设，加强自然保护区建设，加强三江源和环青海湖地区生态保护，加强沙漠化防治、高寒草原建设，加强退牧还草、退耕还林还草、三北防护林建设，加强节能减排和环境综合治理，筑牢国家生态安全屏障，坚决守住生态底线，确保"一江清水向东流"。

自 20 世纪 50 年代起，中国科学家对青藏高原开展一系列大规模的科学考察。特别是 70 至 80 年代的综合科学考察，积累了大量科学资料，对揭示青藏高原形成与演化有重大意义。

2017 年 8 月 19 日，第二次青藏高原综合科学考察研究在拉萨启动。习近平发来贺信，向参加科学考察的全体人员表示热烈的祝贺和诚挚的问候。习近平在贺信中指出，开展这次科学考察研究，揭示青藏高原环境变化机理，优化生态安全屏障体系，对推动青藏高原可持续发展、推进国家生态文明建设、促进全球生态环境保护，将产生十分重要的影响。

习近平希望参加科学考察研究的全体科研专家、青年学生和保障人员，发扬老一辈科学家艰苦奋斗、团结奋进、勇攀高峰的精神，聚焦水、生态、人类活动，着力解决青藏高原资源环境承载力、灾害风险、绿色发展途径等方面的问题，为守护好世界上最后一方净土、建设美丽的青藏高原作出新贡献，让青藏高原各族群众的生活更加幸福、安康。

建立国家公园体制，是顺应国际自然文化遗产保护潮流、承担自然生态保护历史责任的具体体现，对于推进自然资源科学保护与合理利用、促进人与自然和谐共生、推动美丽中国建设，具有极其重要的意义。习近平十分关注国家公园建设。他指出："要着力建设国家公园，保护自然生态系统的原真性和完整性，给子孙后代留下一些自然遗产。"[①] 在习近平的高度重视下，2015 年 12 月，中央全面深化改革领导小组第十九次会议审议通过了三江源国家公园体制试点方案，三江源国家公园成为我国首个国家公园试点。2017 年 7 月，中央全面深化改革领导小组第三十七次会议审议通过了《建立国家公园体制总体方案》等文件，决定构建以国家公园为代表的自然保护地体系。2019 年 1 月 23 日，习近平主持召开中央全面深化改革委员会第六次会议，审议通过《关于建立以国家公园为主体的自然保护地体系指导意见》《海南热带雨林国家公园体制试点方案》等文件。这次会议强调，要按照山水林田湖草是一个生命共同体的理念，创新自然保护地管理体制机制，实施自然保护地统一设置、分级管理、分区管控，把具有国家代表性的重要自然生态系统纳入国家公园体系，实行严格保护，形成以国家公园为主体、自然保护区为基础、各类自然公园为补充的自然保护地管理体系。会议还强调，开展海南热带雨林国家公园体制试点，目的是牢固树立和全面践行绿水青山就是金山银山的理念，在资源环境生态条件好的地方先行先试，为全国生态文明建设积累经验。

从我国实际出发，结合国家公园建设，探索一条生态脱贫的新路子。2015 年 11 月 27 日，习近平在中央扶贫开发工作会议上谈到生态补偿脱贫时指出：在生存条件差，但生态系统重要、需要保护修复的

---

① 习近平关于社会主义生态文明建设论述摘编［M］.北京：中央文献出版社，2017：71.

地区，可以结合生态环境保护和治理，探索一条生态脱贫的新路子。不少地方既是贫困地区，又是重点生态功能区或自然保护区，还是少数民族群众聚居区，如西藏、四省藏区、武陵山区、滇黔桂部分贫困地区等。要加大贫困地区的生态保护修复力度，增加重点生态功能区转移支付，扩大政策实施范围。要加大贫困地区新一轮退耕还林还草力度，对贫困地区坡度在 25 度以上的基本农田，可以考虑纳入退耕还林范围，并合理调整基本农田保有指标。

他还指出，结合建立国家公园体制，可以让有劳动能力的贫困人口就地转成护林员等生态保护人员，从生态补偿和生态保护工程资金中拿出一点，作为他们保护生态的劳动报酬。

在国家公园体制试点过程中，一些省市建立了利益共享和协调发展机制，实现了生态保护与经济协调发展、人与自然和谐共生。比如，青海省结合精准脱贫，2017 年新设 7421 个生态管护综合公益岗位，确保每个建档立卡贫困户有 1 名生态管护员，让贫困牧民在参与生态保护的同时分享保护红利，使牧民逐步由草原利用者转变为生态守护者。

（三）生态优先，建设绿色发展的长江经济带

大河流域是人类文明的摇篮，孕育了古代文明，也成就了现代工业文明。例如在 20 世纪，密西西比河流域的发展推动了美国崛起，莱茵河流域的发展促进了法国、德国和荷兰的繁荣。如今，各大河流域的经济正蓬勃发展。长江作为中华民族的母亲河，千百年来带给人们灌溉之利、舟楫之便、鱼米之裕，始终在我国经济社会发展中占有重要地位，如今更是连接丝绸之路经济带和 21 世纪海上丝绸之路的重要

纽带。长江经济带覆盖上海、江苏、浙江、安徽、江西、湖北、湖南、重庆、四川、云南、贵州11个省市，面积约205万平方千米，人口和经济总量均超过全国的40%，生态地位重要，综合实力较强，发展潜力巨大[①]。长江流域生态资源丰富，拥有全国40%的可利用淡水资源，是4亿人的饮用水来源；拥有全国约60%的淡水渔业产量，被誉为中国的"天然鱼仓"；拥有全国约1/5的湿地面积，是维系流域内生态安全的根基[②]。长江流域生态地位显著，流域内广泛分布的湖泊群和密集分布的河流，在降解污染、蓄洪防旱、调节气候和维护生物多样性等方面发挥着不可替代的作用。尤其是长江上游地区，既是全球生物多样性保护的重点地区，又是生态环境脆弱地区。长江流域保持良好的生态环境，对维护我国生态安全、实现我国可持续发展有着重大战略意义。

长江经济带贯穿祖国东、中、西部地区，涵盖四类主体功能区。推动长江经济带发展，必须坚持生态优先、绿色发展的战略定位，这是实施主体功能区战略的重大决策。长江又是一条环保警钟长鸣的经济带。一些地方无视长江水环境，在沿江地区密集布局高污染企业。长江的生态系统警钟不时敲响，中下游江水水质不断恶化，河湖湿地萎缩，珍贵而稀有的物种纷纷告急。在这样的大背景下，"把修复长江生态环境摆在压倒性位置"成为势所必然。习近平把这个问题提到了

---

① 国务院. 国务院关于依托黄金水道推动长江经济带发展的指导意见［J］. 中国水运（上半月），2014（10）：15-20.

② 李后强，翟琨. 让母亲河永葆生机活力——深入学习贯彻习近平同志关于长江经济带建设的重要论述［N］. 人民日报，2016-07-24（5）.

"中华民族长远利益"的高度，确定了长江经济带建设的根本方向。

习近平拥有深邃的历史视野、宽广的世界眼光。多少年来，他的目光始终关注着波涛涌动的壮美长江，思考着人与自然和谐共生的辩证法则，谋划着让这条中华民族母亲河永葆生机活力的发展之道。

2016年1月4日至6日，习近平在重庆考察调研。他指出，保护好三峡库区和长江母亲河，事关重庆长远发展，事关国家发展全局。要深入实施"蓝天、碧水、宁静、绿地、田园"环保行动，建设长江上游重要生态屏障，推动城乡自然资本加快增值，使重庆成为山清水秀美丽之地。

2016年1月5日，是长江经济带发展史上具有里程碑意义的日子。这一天，在重庆考察调研的习近平主持召开推动长江经济带发展座谈会，为长江经济带发展定了向、定了调、立下了规矩："当前和今后相当长一个时期，要把修复长江生态环境摆在压倒性位置，共抓大保护，不搞大开发。"[①] 他强调，不搞大开发不是不搞大的发展，而是要科学地发展、有序地发展。从沿海起步先行、溯内河向纵深腹地梯度发展，是世界经济史上的一个重要规律，也是许多发达国家在现代化进程中的共同经历。

这次座谈会上，习近平向全党发出伟大号召："长江是中华民族的母亲河，也是中华民族发展的重要支撑。推动长江经济带发展必须从中华民族长远利益考虑，走生态优先、绿色发展之路，使绿水青山产

---

① 习近平关于社会主义生态文明建设论述摘编［M］. 北京：中央文献出版社，2017：69.

生巨大生态效益、经济效益、社会效益，使母亲河永葆生机活力。"①
从长江和长江经济带的地位和作用着眼，习近平强调，推动长江经济
带发展，必须坚持生态优先、绿色发展的战略定位。这不仅是对自然
规律的尊重，也是对经济规律、社会规律的尊重。

习近平要求，长江经济带作为流域经济，涉及水、路、港、岸、
产、城和生物、湿地、环境等多个方面，是一个整体，必须全面把握、
统筹谋划。要增强系统思维，统筹各地改革发展、各项区际政策、各
个领域建设、各种资源要素，使沿江各省市的协同作用更明显，促
进长江经济带实现上中下游协同发展、东中西部互动合作，把长江
经济带建设成为我国生态文明建设的先行示范带、创新驱动带、协调
发展带。

习近平指出，长江拥有独特的生态系统，是我国重要的生态宝库。
要把实施重大生态修复工程作为推动长江经济带发展项目的优先选项，
实施好长江防护林体系建设、水土流失及岩溶地区石漠化治理、退耕
还林还草、水土保持、河湖和湿地生态保护修复等工程，增强水源涵
养、水土保持等生态功能。

他要求，要用改革创新的办法抓长江生态保护。要在生态环境容
量上过紧日子的前提下，依托长江水道，统筹岸上水上，正确处理防
洪、通航、发电的矛盾，自觉推动绿色循环低碳发展，有条件的地区
率先形成节约能源资源和保护生态环境的产业结构、增长方式、消费
模式，真正使黄金水道产生黄金效益。

① 习近平关于全面建成小康社会论述摘编［M］.北京：中央文献出版社，2016：181.

图 23 安徽铜陵西湖湿地景观（詹俊摄 中共铜陵市委提供）

铜陵市位于安徽省中南部，长江铜陵段从城市内穿过。西湖湿地是铜陵市内最大的湿地生态系统，最大程度的保留了原生态湿地面貌，为调节城市生态环境发挥重要作用。

长江经济带建设坚持生态优先、绿色发展的战略定位，体现了习近平对中华民族长远利益的深谋远虑和责任担当，也体现了习近平在发展理念上的成熟清醒和从容自信。

长江是中华民族的生命河。2016 年 1 月 26 日，习近平在中央财经领导小组第十二次会议上再次强调："推动长江经济带发展，理念要先进，坚持生态优先、绿色发展，把生态环境保护摆上优先地位，涉及长江的一切经济活动都要以不破坏生态环境为前提，共抓大保护，不搞大开发。思路要明确，建立硬约束，长江生态环境只能优化、不能恶化。"①两个月后，3月25日，习近平主持召开中央政治局会议，审议通过《长江经济带发展规划纲要》等文件，形成了"生态优先、流域互动、集约发展"的思路，提出了"一轴、两翼、三极、多点"②的格局。

建设长江上游生态屏障、改善长江流域生态环境，是建设美丽中国的重要举措。党的十八届五中全会提出：坚持绿色富国、绿色惠民，为人民提供更多优质生态产品，推动形成绿色发展方式和生活方式，协同推进人民富裕、国家强盛、中国美丽。长江经济带建设正是绿色富国、绿色惠民和美丽中国建设的重要抓手。

自提出推动长江经济带建设以来，习近平始终牵挂着这件大事。习近平在中国共产党第十九次全国代表大会上强调："以共抓大保护、不搞大开发为导向推动长江经济带发展。"③2018年3月10日，习近平在参加十三届全国人大一次会议重庆代表团审议时强调，如果长江经济带搞大开发，下面的积极性会很高、投资驱动会非常强烈，一哄而上，最后损害的是生态环境。长江经济带开发要科学、绿色、可持续。

---

① 习近平关于社会主义生态文明建设论述摘编［M］.北京：中央文献出版社，2017：70.

② "一轴"是指以长江黄金水道为依托，发挥上海、武汉、重庆的核心作用，以沿江主要城镇为节点，构建沿江绿色发展轴。"两翼"是指发挥长江主轴线的辐射带动作用，向南北两侧腹地延伸拓展，提升南北两翼的支撑力。"三极"是指以长江三角洲城市群、长江中游城市群、成渝城市群为主体，发挥辐射带动作用，打造长江经济带三大增长极。"多点"是指发挥三大城市群以外地级城市的支撑作用，以资源环境承载力为基础，不断完善城市功能，发展优势产业，建设特色城市，加强与中心城市的经济联系和互动，带动地区经济发展。

③ 中国共产党第十九次全国代表大会文件汇编［M］.北京：人民出版社，2017：26.

2018年4月24日至25日，习近平先后来到湖北省宜昌市和荆州市、湖南省岳阳市以及三峡坝区等地，实地了解长江经济带发展战略实施情况。他指出，长江是中华民族的母亲河，一定要保护好。绝不容许长江生态环境在我们这一代人手上继续恶化下去，一定要给子孙后代留下一条清洁美丽的万里长江！习近平这些饱含深情的话语，体现着中国共产党人的历史担当和为民情怀。

修复长江生态环境，是新时代赋予我们的艰巨任务，需要优化生态安全屏障体系，构建生态廊道和生物多样性保护网络，划定并严守红线，调整生产结构并转变生产方式，健全耕地、草原、森林、河流、湖泊休养生息制度等。习近平强调要坚持把修复长江生态环境摆在推动长江经济带发展工作的重要位置，共抓大保护，不搞大开发。不搞大开发不是不要开发，而是不搞破坏性开发，要走生态优先、绿色发展之路。

当务之急是刹住无序开发，限制排污总量，依法从严从快打击非法排污、非法采砂等破坏长江沿岸生态的行为。习近平指出，企业是长江生态环境保护建设的主体和重要力量。要强化企业责任，加快技术改造，淘汰落后产能，发展清洁生产，提升企业生态环境保护建设能力。要下决心把长江沿岸有污染的企业都搬出去。企业搬迁要做到人清、设备清、垃圾清、土地清，彻底根除长江的污染隐患。

2018年4月26日，习近平主持召开深入推动长江经济带发展座谈会并发表重要讲话。他指出，推动长江经济带发展是党中央作出的重大决策，是关系国家发展全局的重大战略。新形势下推动长江经济带发展，关键是要正确把握整体推进和重点突破、生态环境保护和经济发展、总体谋划和久久为功、破除旧动能和培育新动能、自我发展和协同发展的关系，坚持新发展理念，坚持稳中求进的工作总基调，坚持共抓大保护、不搞大开发，加强改革创新、战略统筹、规划引导，以长江经济带发展推动经济高质量发展。他强调，总体上看，实施长江经济带发展战略要加大力度。必须从中华民族的长远利益考虑，把修复长江生态环境摆在压倒性位置，共抓大保护，不搞大开发，努力把长江经济带建设成为生态更优美、交通更顺畅、经济更协调、市场更统一、机制更科学的黄金经济带，探索出一条生态优先、绿色发展新路子。

在习近平生态文明思想指引下，有关部门和沿江省市加强组织领导，调动各方力量，坚定信心，勇于担当，全面做好长江生态环境保护修复工作，探索协同推进生态优先和绿色发展的新路子。长江经济带建设的壮美画卷正在渐次展开，长江经济带正在化身为祖国大地上崭新的"绿飘带"和"黄金带"。

（四）京津冀协同发展战略必须重视生态建设上的协同共进

"环境治理是一个系统工程，必须作为重大民生实事紧紧抓在手上"，"着力扩大环境容量生态空间"，"加强生态环境保护合作"。① 习近平对京津冀生态环保问题高度关注，并以大胸怀、大手笔、大气魄、大担当，推进"京津冀协同发展"这一大战略、大思路、大谋划。

京津冀地区水资源严重短缺，地下水严重超采，环境污染问题突出，已成为我国东部地区人与自然关系最为紧张、资源环境超载矛盾

---

① 习近平关于社会主义生态文明建设论述摘编［M］.北京：中央文献出版社，2017：51–52.

最为严重、生态环境联防联治要求最为迫切的区域。

2013年9月，习近平在参加河北省委常委班子专题民主生活会时指出："高耗能、高污染、高排放问题如此严重，导致河北的生态环境恶化趋势没有扭转。在全国重点监测的74个城市中，污染最严重的10个城市，河北占7个。不坚决把这些高耗能、高污染、高排放的产业产量降下来，资源环境就不能承受。不仅河北难以实现可持续发展，周围地区甚至全国的生态环境也难以支撑啊！"

2014年早春，在习近平亲自谋划和推动下，京津冀协同发展上升为重大国家战略。习近平强调：要加强生态环境保护合作。2013年，已经启动了大气污染防治协作机制，还要在防护林建设、水资源保护、水环境治理、清洁能源使用等领域完善合作机制。从生态系统整体性着眼，可以考虑加大河北特别是京津保中心区过渡带地区的退耕还湖力度，成片建设森林、恢复湿地，提高这一区域的可持续发展能力。

产业转移和生态共建是京津冀协同发展的突出亮点。2015年11月底，京津冀三地的环保厅、局正式签署《京津冀区域环境保护率先突破合作框架协议》，明确以大气、水、土壤污染防治为重点，以联合立法、统一规划、统一标准、统一监测、协同治污等十个方面为突破口，联防联控，共同改善区域生态环境质量。

2014年2月26日，习近平在专题听取京津冀协同发展工作汇报时指出，华北地区的缺水问题本来就很严重，如果再不重视保护好涵养水源的森林、湖泊、湿地等生态空间，再继续超采地下水，自然报复的力度会更大。半个月后，3月14日，习近平在中央财经领导小组第五次会议上指出：要把华北地面沉降问题作为一个重大专项，提出可操作的实施方案，纳入京津冀协同发展的顶层设计中，并提出开展地下水超采漏斗区综合治理，扩大京津平原的森林、湿地面积，提高燕山、太行山绿化水平，增强水涵养能力，统筹永定河、潮白河上下游用水，进行中小河流综合治理等对策，还要考虑把白洋淀再恢复起来。

2016年5月27日，中共中央政治局会议在中南海怀仁堂召开，审议《关于规划建设北京城市副中心和研究设立河北雄安新区的有关情况的汇报》。习近平在讲话中指出："建设北京城市副中心和雄安新区两个新城，形成北京新的'两翼'。这是我们城市发展的一种新选择"，"在新的历史阶段，集中建设这两个新城，形成北京发展新的骨架，是千年大计、国家大事"①。

雄安新区地处河北保定。保定之名取"保卫大都，安定天下"之意，自古就是京畿重地要冲之塞。这里生态良好，拥有华北平原最大的淡水湖——白洋淀，漕河、南瀑河、萍河、南拒马河等多条河流在区域内交汇。九河下梢，汇集成淀，苇田星罗棋布。摇船入淀，但见浩渺烟波、苍苍芦苇、悠悠小舟、岸上人家，宛若"华北江南"。

"建设雄安新区，一定要把白洋淀修复好、保护好。"2017年2月23日，习近平在实地考察雄安新区建设规划时，专程前往白洋淀。习近平强调，要坚持生态优先、绿色发展，划定开发边界和生态红线，实现两线合一，着力建设集绿色、森林、智慧、水城于一体的雄安新区。

推动实施京津冀协同发展战略这件大事，始终萦绕在习近平心中。

---

① 霍小光，张旭东，王敏，等．千年大计、国家大事——以习近平同志为核心的党中央决策河北雄安新区规划建设纪实［N］．人民日报，2017-04-14（1）．

图 24　北京通州的高速公路绿化景观（北京市园林绿化局提供）

通州位于北京市东南部，是北京城市副中心所在地。随着京津冀协同发展战略的实施，通州大力发展交通建设，在构建高速公路网的同时实施高速公路绿化工程。

2019 年 1 月 16 日至 18 日，习近平在京津冀地区考察，主持召开京津冀协同发展座谈会并发表重要讲话。这次考察中，习近平十分重视生态建设在京津冀协同发展战略中的重要性。

雄安新区坚持生态优先、绿色发展，率先启动生态基础设施建设和环境整治。2019 年 1 月 16 日，习近平来到"千年秀林"大清河片林一区造林区域，乘车穿行林区，察看林木长势，并听取雄安新区生态建设总体情况和"千年秀林"区域植树造林情况介绍。习近平强调：先植绿、后建城，是雄安新区建设的一个新理念。良好生态环境是雄安新区的重要价值体现。"千年大计"，就要从"千年秀林"开始，努力接续展开蓝绿交织、人与自然和谐相处的优美画卷。考察途中，他多次谈到宜居问题。"蓝天、碧水、绿树，蓝绿交织，将来生活的最高标准就是生态好。"2019 年 1 月 18 日，习近平在京津冀协同发展座谈会上强调：要坚持绿水青山就是金山银山的理念，强化生态环境联建联防联治。要增加清洁能源供应，调整能源消费结构，持之以恒地推进京津冀地区生态建设，加快形成节约资源和保护环境的空间格局、产业结构、生产方式、生活方式。

天人合一，道法自然。雄安新区将构建蓝绿交织、清新明亮、水城共融、多组团集约紧凑发展的生态城市。

图 25　河北白洋淀景观（李永清摄）

白洋淀位于河北省，是雄安新区最大的湖泊，也是雄安新区生态建设的重要战场。白洋淀古时水域广阔，后随着气候变化、人类经济开发等影响，泥沙淤积、水量减少，湖水一度干涸。雄安新区数度为白洋淀"补水"，推进污染治理和生态修复工程，终于使白洋淀水域面积再度扩大，生态也得到恢复。

六、用最严格制度最严密法治保护生态环境

　　保护生态环境必须依靠制度，依靠法治。必须构建产权清晰、多元参与、激励约束并重、系统完整的生态文明制度体系，让制度成为刚性约束和不可触碰的"高压线"。

广西桂林漓江仙人台（黄珊虎摄）

（一）保护生态环境必须依靠制度、依靠法治

习近平在中国共产党第十九次全国代表大会上强调："实行最严格的生态环境保护制度"①，"坚决制止和惩处破坏生态环境行为"②，"加快生态文明体制改革，建设美丽中国"③。推进生态文明建设，对各级领导干部必须有一个科学的考核评价体系。习近平要求："我们一定要彻底转变观念，就是再也不能以国内生产总值增长率来论英雄了，一定要把生态环境放在经济社会发展评价体系的突出位置"④，真正做到"把资源消耗、环境损害、生态效益等体现生态文明建设状况的指标纳入经济社会发展评价体系，使之成为推进生态文明建设的重要导向和约束"。⑤

加强生态文明制度建设，是我们面临的一项刻不容缓的迫切任务。40 多年来，体制不完善、机制不健全等制度层面的原因，导致我国部分领域和区域的不合理开发，产生了大量的环境问题。因此，习近平指出："保护生态环境必须依靠制度、依靠法治。只有实行最严格的制度、最严密的法治，才能为生态文明建设提供可靠保障。"⑥"对那些不顾生态环境盲目决策、造成严重后果的人，必须追究其责任，而且应该终身追究。"⑦

---

① 中国共产党第十九次全国代表大会文件汇编［M］.北京：人民出版社，2017：19.

② 同① 42.

③ 同① 40.

④ 习近平关于全面深化改革论述摘编［M］.北京：中央文献出版社，2014：104.

⑤ 习近平谈治国理政：第一卷［M］.北京：外文出版社，2018：210.

⑥ 习近平关于社会主义生态文明建设论述摘编［M］.北京：中央文献出版社，2017：99.

⑦ 同⑤.

他还强调：生态文明制度建设要稳步、扎实地推进。例如：要建立健全资源生态环境管理制度，加快建立国土空间开发保护制度，强化水、大气、土壤等污染防治制度，建立反映市场供求与资源稀缺程度、体现生态价值、代际补偿的资源有偿使用制度和生态补偿制度，健全生态环境保护责任追究制度和环境损害赔偿制度。这些制度建立之后，就要强化制度的约束作用，坚决按制度办事。

加大环境督查工作力度，严肃查处违纪违法行为，着力解决生态环境方面的突出问题，让人民群众不断感受到生态环境的改善。2017 年 5 月 26 日，习近平在主持十八届中央政治局第四十一次集体学习时指出：之所以要盯住生态环境问题不放，是因为如果不抓紧、不紧抓，任凭破坏生态环境的问题不断产生，我们就难以从根本上扭转我国生态环境恶化的趋势，就是对中华民族和子孙后代不负责任。

2017 年 7 月，中共中央办公厅、国务院办公厅就甘肃祁连山国家级自然保护区的生态环境问题发出通报。

祁连山是我国西部的重要生态安全屏障，是黄河水的重要来源地，也是我国生物多样性保护优先区域。国家早在 1988 年就批准设立了甘肃祁连山国家级自然保护区。长期以来，祁连山局部因采矿、挖沙、采石等活动，生态破坏问题十分突出。对此，习近平多次作出批示，要求抓紧整改，但情况没有明显改善。2017 年 2 月 12 日至 3 月 3 日，由党中央、国务院有关部门组成的中央督查组就此开展专项督查。2017 年 7 月，中央政治局常委会会议听取督查情况汇报，对甘肃祁连山国家级自然保护区生态环境破坏典型案例进行了深刻剖析，并对有关责任人作出严肃处理。

通过调查核实，甘肃祁连山国家级自然保护区的生态环境破坏问题突出，主要有：违法违规开发矿产资源问题严重，部分水电设施违法建设、违规运行，周边企业偷排偷放问题突出，生态环境突出问题整改不力。

上述问题产生的根源在于，甘肃省及相关市县对党中央的决策部署没有真正落实，甘肃省从主管部门到保护区管理部门都存在不作为、乱作为问题，按照《党政领导干部生态环境损害责任追究办法（试行）》等有关规定，中央责成甘肃省委、省政府向党中央作出深刻检查，并对原甘肃省副省长等 11 名领导干部进行问责。

通报指出，甘肃祁连山国家级自然保护区的生态环境问题具有典型性，教训十分深刻。各地区各部门要切实引以为鉴、举一反三，自觉地把思想和行动统一到党中央的决策部署上来，严守政治纪律和政治规矩，坚决把生态文明建设摆在全局工作的突出地位抓紧抓实抓好，为人民群众创造良好生产生活环境。

2018 年 8 月 24 日，在中央全面依法治国委员会第一次会议上，习近平就指出一些地方存在"发展要上、法治要让"的误区。他以祁连山的生态环境问题举例：《甘肃祁连山国家级自然保护区管理条例》历经 3 次修正，部分规定始终同《中华人民共和国自然保护区条例》不一致，立法上"放水"，执法上"放弃"，才导致了祁连山生态系统遭到严重破坏的结果。习近平强调："这样的教训必须深刻汲取。"

2018 年 11 月，《中共中央办公厅关于陕西省委、西安市委在秦岭北麓西安境内违建别墅问题上严重违反政治纪律以及开展违建别墅专项整治情况的通报》将秦岭北麓西安境内违建别墅问题作为严重违反政治纪律的典型案例进行通报，重视程度高、追责力度大、震慑效果强、影响范围广，对生态环境系统具有很强的针对性、指导性，对生态环境保护工作具有历史性、标志性意义。

素有"中华龙脉"之称的秦岭是我国传统意义上南北方分界线和重要生态安全屏障，具有调节气候、涵养水源、维护生物多样性等诸多功能。然而近年来，别墅建设者肆意排放生活污水、圈占林地、破坏山体，有的甚至把山坡人为削平，对生态环境的破坏十分严重。

习近平高度重视生态文明建设和生态环境保护，针对秦岭北麓西安境内违建别墅问题多次作出重要批示、指示。而今，千余栋违建别墅被整治，拆除复绿工作有序进行。从禁而不绝到令行禁止，从违建别墅野蛮生长到山川复绿、郁郁葱葱，这是一场保护生态的战役，更是一场针对形式主义、官僚主义的决胜战役。这场既保护自然生态又保护政治生态的秦岭保卫战，彰显了以习近平同志为核心的党中央推进生态文明建设与生态环境保护的坚定决心和坚强意志。

（二）构建生态文明制度体系

构建生态文明制度体系，是一项具有战略意义的系统工程。2015年7月，习近平主持召开的中央全面深化改革领导小组第十四次会议，一揽子审议通过了《生态文明体制改革总体方案》《环境保护督察方案（试行）》《生态环境监测网络建设方案》《关于开展领导干部自然资源资产离任审计的试点方案》《编制自然资源资产负债表试点方案》《生态环境损害赔偿制度改革试点方案》《党政领导干部生态环境损害责任追究办法（试行）》。《生态文明体制改革总体方案》对生态文明制度建设作出全面系统的部署，明确提出到2020年，构建起由自然资源资产产权制度等八项制度构成的生态文明制度体系，推进生态文明领域国家治理体系和治理能力现代化，把生态文明建设纳入法治化、制度化轨道。

在习近平的高度重视下，我国生态文明制度建设取得重大成就。2016 年，中央全面深化改革领导小组会议多次涉及生态文明建设议题，先后审议通过一系列事关生态文明建设和环境保护的改革文件（如表 1 所示）。例如，《关于全面推行河长制的意见》是在 2016 年 10 月 11 日，由习近平主持召开的中央全面深化改革领导小组第二十八次会议审议通过。保护江河湖泊，事关人民群众福祉，事关中华民族长远发展。全面推行河长制，以保护水资源、防治水污染、改善水环境、修复水生态为主要任务，构建责任明确、协调有序、监管严格、保护有力的河湖管理保护机制，为维护河湖健康生命、实现河湖功能永续利用提供制度保障。

此后，中央全面深化改革领导小组多次召开会议，审议通过《关于健全国家自然资源资产管理体制试点方案》《按流域设置环境监管和行政执法机构试点方案》《关于禁止洋垃圾入境推进固体废物进口管理制度改革实施方案》《关于建立资源环境承载能力监测预警长效机制的若干意见》《关于深化环境监测改革提高环境监测数据质量的意见》《跨地区环保机构试点方案》《国家生态文明试验区（江西）实施方案》《国家生态文明试验区（贵州）实施方案》等推进生态文明建设的制度。

表 1　部分关于生态文明建设和环境保护的改革文件

时间	会议	通过文件
2016 年 3 月 22 日	中央全面深化改革领导小组第二十二次会议	《关于健全生态保护补偿机制的意见》
2016 年 6 月 27 日	中央全面深化改革领导小组第二十五次会议	《关于设立统一规范的国家生态文明试验区的意见》《国家生态文明试验区（福建）实施方案》
2016 年 7 月 22 日	中央全面深化改革领导小组第二十六次会议	《关于省以下环保机构监测监察执法垂直管理制度改革试点工作的指导意见》
2016 年 8 月 30 日	中央全面深化改革领导小组第二十七次会议	《关于构建绿色金融体系的指导意见》《重点生态功能区产业准入负面清单编制实施办法》《生态文明建设目标评价考核办法》
2016 年 10 月 11 日	中央全面深化改革领导小组第二十八次会议	《关于全面推行河长制的意见》
2016 年 11 月 1 日	中央全面深化改革领导小组第二十九次会议	《建立以绿色生态为导向的农业补贴制度改革方案》《关于划定并严守生态保护红线的若干意见》《自然资源统一确权登记办法（试行）》《湿地保护修复制度方案》《海岸线保护与利用管理办法》

2016 年 12 月 2 日，全国生态文明建设工作推进会议在浙江省湖州市召开。习近平对生态文明建设作出重要指示，强调要深化生态文明体制改革，尽快把生态文明制度的"四梁八柱"①建立起来，把生态文明建设纳入制度化、法治化轨道。2016 年 12 月 25 日，第十二届全国人大常委会第二十五次会议审议通过《中华人民共和国环境保护税

---

① 四梁、八柱是中国传统建筑的主要结构，意为依靠四根梁和八根柱子支撑着整个建筑。这里"四梁八柱"是形象的比喻，强调生态文明制度要有一个基本的主体框架。

法》，自 2018 年 1 月 1 日起施行。这是我国第一部专门体现"绿色税制"、推进生态文明建设的单行税法。

党的十九大以来，我国生态文明制度建设继续向前推进。2017 年 11 月 20 日，习近平主持召开中央全面深化改革领导小组第一次会议，审议通过《关于在湖泊实施湖长制的指导意见》。该意见要求各省、自治区、直辖市将本行政区域内的所有湖泊纳入全面推行湖长制工作范围，到 2018 年年底前在湖泊全面建立湖长制，建立健全以党政领导负责制为核心的责任体系，落实属地管理责任。

图 26　新疆博乐的赛里木湖畔（魏永龙摄）

赛里木湖位于新疆博尔塔拉蒙古自治州博乐市境内，是新疆海拔最高、面积最大的内陆湖泊。近年来新疆着力对赛里木湖周边进行生态修复与保护、污染源治理等工作，加强生态文明建设，保护好这片美丽的湖泊。

意见明确要求：全面建立省、市、县、乡四级湖长体系。各省、自治区、直辖市行政区域内的主要湖泊，跨省级行政区域且在本辖区地位和作用重要的湖泊，由省级负责同志担任湖长；跨市地级行政区域的湖泊，原则上由省级负责同志担任湖长；跨县级行政区域的湖泊，原则上由市地级负责同志担任湖长。同时，湖泊所在市、县、乡要按照行政区域分级分区设立湖长，实行网格化管理，确保湖区所有水域都有明确的责任主体。在湖泊实施湖长制，是加强湖泊管理保护、改善湖泊生态环境、维护湖泊健康生命、实现湖泊功能永续利用的重要制度保障。

2018 年 8 月 31 日，第十三届全国人大常委会第五次会议审议通过《中华人民共和国土壤污染防治法》，标志着土壤污染防治制度体系基本建立。这为扎实推进"净土保卫战"，提供了坚强有力的法治保障。

2019 年 1 月 23 日，习近平主持召开中央全面深化改革委员会第六次会议，审议通过《关于建立以国家公园为主体的自然保护地体系指导意见》《关于统筹推进自然资源资产产权制度改革的指导意见》《关于建立国土空间规划体系并监督实施的若干意见》《关于构建市场导向的绿色技术创新体系的指导意见》《天然林保护修复制度方案》《国家生态文明试验区（海南）实施方案》《海南热带雨林国家公园体制试点方案》等文件。

党的十八届五中全会提出，设立统一、规范的国家生态文明试验区，重在开展生态文明体制改革综合试验，规范各类试点示范，为完善生态文明制度体系探索路径、积累经验。2016 年起，《国家生态文明试验区（福建）实施方案》《国家生态文明试验区（江西）实施方案》《国家生态文明试验区（贵州）实施方案》和《国家生态文明试验区（海南）实施方案》相继发布，标志着我国生态文明试验区建设进入全面铺开和加速推进阶段。开展国家生态文明试验区建设，对于凝聚改革合力、增添绿色发展动能、探索生态文明建设有效模式，具有十分重要的意义。由上述可见，我国生态文明制度体系建设取得了历史性成就。

七、建设美丽中国全民行动

　　美丽中国是人民群众共同参与、共同建设、共同享有的事业。必须加强生态文明宣传教育，牢固树立生态文明价值观念和行为准则，把建设美丽中国化为全民的自觉行动。

浙江丽水缙云风光（中共丽水市委提供）

（一）增强全民节约意识、环保意识、生态意识

习近平强调，生态文明是人民群众共同参与、共同建设、共同享有的事业，要把建设美丽中国转化为全体人民的自觉行动。建设美丽中国，每个人都是行动者。要增强全民的节约意识、环保意识、生态意识，培育生态道德和行为准则，开展全民绿色行动。

图 27 安徽宣城桃花潭晨景（尹建生摄 中共泾县县委宣传部提供）

桃花潭位于安徽省宣城市泾县桃花潭镇，这里不仅有旖旎的山水风光，还有以明清建筑为主的皖南古民居群。唐代诗人李白曾于此地写下"桃花潭水深千尺，不及汪伦送我情"的著名诗句。近年来泾县通过全面开展文明创建和环境治理，获得"国家级生态县"称号。桃花潭镇也先后获得"中国历史文化名镇""全国美丽宜居小镇示范"等多个荣誉称号。

党的十八大之后，习近平在各种场合提倡加强生态文明宣传教育。2013 年 2 月 8 日，习近平在北京看望慰问坚守岗位的一线劳动者时说：广大市民要珍爱我们生活的环境，节约资源，杜绝浪费，从源头上减少垃圾，使我们的城市更加清洁、更加美丽、更加文明。2013 年 5 月 24 日，习近平在主持中央政治局第六次集体学习时指出：要加强生态文明宣传教育，增强全民的节约意识、环保意识、生态意识，营造爱护生态环境的良好风气。2014 年 6 月 13 日，习近平在中央财经

领导小组第六次会议上强调：推动能源消费革命，不仅要成为政府、产业部门、企业的自觉行动，而且要成为全社会的自觉行动。要在全社会牢固树立勤俭节约的消费观，树立节能就是增加资源、减少污染、造福人类的理念，努力形成勤俭节约的良好风尚。

习近平一直强调，"我们应该追求热爱自然情怀"。2019 年 4 月 28 日，习近平在 2019 年中国北京世界园艺博览会开幕式上说："'取之有度，用之有节'，是生态文明的真谛。我们要倡导简约适度、绿色低碳的生活方式，拒绝奢华和浪费，形成文明健康的生活风尚。要倡导环保意识、生态意识，构建全社会共同参与的环境治理体系，让生态环保思想成为社会生活中的主流文化。要倡导尊重自然、爱护自然的绿色价值观念，让天蓝地绿水清深入人心，形成深刻的人文情怀。"①

（二）全国动员、全民动手植树造林，努力把建设美丽中国化为人民的自觉行动

植树造林，为实现中华民族伟大复兴提供良好的生态条件。2013 年 4 月 2 日，习近平在参加首都义务植树活动时指出：要加强宣传教育、创新活动形式，引导广大人民群众积极参加义务植树，不断提高义务植树尽责率，依法严格保护森林，增强义务植树效果，把义务植树活动深入持久开展下去，为全面建成小康社会、实现中华民族伟大复兴中国梦不断创造更好的生态条件。他强调，全社会都要按照党的

---

① 习近平. 共谋绿色生活，共建美丽家园——在二〇一九年中国北京世界园艺博览会开幕式上的讲话［N］. 人民日报，2019-04-29（2）.

十八大提出的建设美丽中国的要求，切实增强生态意识，切实加强生态环境保护，把我国建设成为生态环境良好的国家。2015 年 4 月 3 日，习近平在参加首都义务植树活动时说：要坚持全国动员、全民动手植树造林，努力把建设美丽中国化为人民的自觉行动。

人人都做种树者，祖国大地的绿色就会不断多起来。2017 年 3 月 29 日，习近平在参加首都义务植树活动时指出：参加义务植树是每个公民的法定义务。前人种树，后人乘凉，我们每个人都是乘凉者，但更要做种树者。各级领导干部要身体力行，同时，要创新义务植树尽责形式，让人民群众更好、更方便地参与国土绿化，为人民群众提供更多优质生态产品，让人民群众共享生态文明建设成果。2017 年 6 月，

图 28　江西井冈山茨坪全景（秦云峰摄）

茨坪镇位于江西省井冈山市中部，是当年井冈山革命根据地的中心，也是今天井冈山风景名胜区的中心。茨坪四周群山环抱，绿树成荫，被人们称为中国最美的生态小镇。

习近平在山西考察工作时强调，要广泛开展国土绿化行动。每人植几棵，每年植几片，年年岁岁，日积月累，祖国大地的绿色就会不断多起来，山川面貌就会不断美起来，人民的生活质量就会不断高起来。

（三）构建政府、企业、公众共同参与的绿色行动体系

生态文明建设和环境保护，是亿万人民群众共同参与、共同建设、共同享有的事业，需要全社会共同行动。应加强宣传教育，提高全社会的生态文明素养，引导公众将生态环保意识转化为保护生态环境的

图 29　安徽南陵小格里的五连池（黄琼摄　中共南陵县委提供）

小格里森林公园位于安徽省芜湖市南陵县。1975 年，这里实行封山育林，该地原有村民移出山外。如今这里古树参天，是华东地区保存最完好的原始次生林之一。"五连池"是由山泉汇聚而成的五个相连池潭，是小格里的著名景点。

意愿和行动，构建政府、企业、公众共同参与的绿色行动体系，形成人人、事事、时时崇尚生态文明和环境保护的良好氛围。

2008 年 9 月 21 日，习近平来到中国科学院植物研究所北京植物园，同首都各界群众和青少年一起参加全国科普日活动。习近平同参加活动的群众亲切交谈。他表示，普及科学发展、生态文明、节能降耗等先进理念，要从日常生活做起，切实把建设资源节约型、环境友好型社会的要求落实到每个单位、每个家庭。要通过科普宣传，帮助广大群众提高认识、自觉行动、广泛参与，共同建设生态文明。

图 30　江苏无锡的贡湖湿地（张波摄）

位于长江无锡段的贡湖湿地整治前鱼塘密集、工厂密布，生态系统遭到严重破坏。近年来，当地政府先后关停两千余家企业，搬迁三千余家企业，同时进行河道清淤，推动贡湖旧貌换新颜。图为整治后的贡湖湿地。

图31 红旗渠水绕太行（麻江盟摄 中共林州市委提供）

红旗渠位于河南省林州市，是一条在太行山悬崖峭壁上开凿出的水利枢纽。红旗渠建成于20世纪60年代。人们从山西引来浊漳河的河水，河水沿红旗渠穿岭越谷，进入林州境内，有效缓解当地淡水资源紧缺的困境。这条人工天河如今成为全国中小学爱国主义教育基地，每年来此参观学习的人络绎不绝。

倡导推广绿色消费。2017年5月26日，习近平在主持十八届中央政治局第四十一次集体学习时指出：生态文明建设同每个人息息相关，每个人都应该做践行者、推动者。要强化公民的环境意识，倡导勤俭节约、绿色低碳消费，推广节能、节水用品和绿色环保家具、建材等，推广绿色低碳出行，鼓励引导消费者购买节能环保再生产品，推动形成节约适度、绿色低碳、文明健康的生活方式和消费模式。要加强生态文明宣传教育，把珍惜生态、保护资源、爱护环境等内容纳入国民教育和培训体系，纳入群众性精神文明创建活动，在全社会牢固树立生态文明理念，形成全社会共同参与的良好风尚。

引导公众绿色生活。加强生态文明宣传教育，倡导简约适度、绿色低碳的生活方式，反对奢侈浪费和不合理消费。开展创建绿色家庭、绿色学校、绿色社区、绿色商场、绿色餐馆等行动。

（四）保护环境是每个人的责任，少年儿童要在这方面发挥小主人作用

少年儿童是祖国的未来。让青少年参与生态环保实践活动，从小培养他们的生态意识、环保意识具有重要意义。2013 年 5 月 29 日，习近平在同全国各族少年儿童代表共庆"六一"国际儿童节时指出：大自然充满乐趣、无比美丽，热爱自然是一种好习惯，保护环境是每个人的责任，少年儿童要在这方面发挥小主人作用。2017 年 3 月 29 日，习近平同首都群众一起参加义务植树活动。习近平强调：植树造林，种下的既是绿色树苗，也是祖国的美好未来。要组织全社会特别是广大青少年通过参加植树活动，亲近自然、了解自然、保护自然，培养热爱自然、珍爱生命的生态意识，学习、体验绿色发展理念。造林绿化是功在当代、利在千秋的事业，要一年接着一年干，一代接着一代干，撸起袖子加油干。2018 年 4 月 2 日，习近平同首都群众一起参加义务植树活动。植树现场，一片热火朝天的景象。习近平一边同少先队员提水浇灌，一边询问孩子们的学习、生活和体育锻炼情况，叮嘱他们从小热爱劳动，培养爱护环境、爱绿植绿护绿的意识。

2019 年 4 月 8 日，习近平同首都群众一起参加义务植树活动。他一边劳动，一边向身边的少先队员询问学习生活和体育锻炼情况，叮嘱他们从小养成爱护自然、保护环境的意识，用自己的双手把祖国建设得更加美丽，祝他们像小树苗一样茁壮成长。

习近平十分重视培养少年儿童的生态意识、环保意识。他不仅在很多场合叮嘱孩子们要热爱自然、保护自然，而且每年植树活动期间，

都与少年儿童一道植树，并对他们提出殷切期望和谆谆嘱咐。习近平深情地说道："每年这个时候与同学们一起植树，感到很高兴。希望同学们从小树立保护环境、爱绿护绿的意识，既要懂道理，又要做道理的实践者，积极培育劳动意识和劳动能力，用自己的双手为祖国播种绿色，美化我们共同生活的世界。"①

（五）推进垃圾分类，推动绿色发展

垃圾分类不是小事，它不仅是基本的民生问题，也是生态文明建设的题中之义。实施垃圾分类处理，引导人们形成绿色发展方式和生活方式，可以有效改善城乡环境、促进资源回收利用，也有利于国民素质提升、社会文明进步。

2019 年 6 月，习近平对垃圾分类工作作出重要指示。他强调，实行垃圾分类，关系广大人民群众生活环境，关系节约使用资源，也是社会文明水平的一个重要体现。

习近平指出，推行垃圾分类，关键是要加强科学管理、形成长效机制、推动习惯养成。要加强引导、因地制宜、持续推进，把工作做细做实，持之以恒抓下去。要开展广泛的教育引导工作，让广大人民群众认识到实行垃圾分类的重要性和必要性，通过有效的督促引导，让更多人行动起来，培养垃圾分类的好习惯，全社会人人动手，一起来为改善生活环境作努力，一起来为绿色发展、可持续发展作贡献。

习近平对垃圾分类工作作出重要指示，深刻指出垃圾分类的重要意义，明确提出推行垃圾分类的具体要求，为进一步做好垃圾分类工

① 习近平关于社会主义生态文明建设论述摘编［M］.北京：中央文献出版社，2017：121.

作指明了方向，对于动员全社会共同为推动绿色发展、建设美丽中国贡献智慧和力量，具有十分重要的意义。

目前，全国城市生活垃圾产生量一年已经超过 2 亿吨。垃圾处理看似小事，却牵着民生，连着文明。垃圾分类，是人人身边的一件小事，也是关系社会文明水平的一件大事，还是影响中国绿色发展转型的一件实事。

党的十八大以来，习近平多次就垃圾处理工作作出重要指示和部署，他经常问起垃圾分类进展情况，点赞一些地方垃圾分类的做法，要求扎扎实实推进这项工作。

2013 年 7 月，习近平在湖北考察时指出，变废为宝、循环利用是朝阳产业，使垃圾资源化，这是化腐朽为神奇，既是科学，也是艺术。他还专门走进垃圾压缩转运站、无动力污水处理站等了解情况。2014 年 2 月在北京考察时，习近平来到北京市自来水集团第九水厂，问起生活垃圾处理情况。

2016 年 4 月 28 日，习近平在农村改革座谈会上强调，要因地制宜搞好农村人居环境综合整治，改变农村许多地方污水乱排、垃圾乱扔、秸秆乱烧的脏乱差状况，给农民一个干净整洁的生活环境。同年 12 月 21 日，习近平主持召开中央财经领导小组第十四次会议研究普遍推行垃圾分类制度，强调要加快建立分类投放、分类收集、分类运输、分类处理的垃圾处理系统，形成以法治为基础、政府推动、全民参与、城乡统筹、因地制宜的垃圾分类制度，努力提高垃圾分类制度覆盖范围。

2018 年 3 月 5 日，习近平参加十三届全国人大一次会议内蒙古代表团审议，在听取来自赤峰市小庙子村的赵会杰代表发言时，他插话问道："你们的垃圾都运到哪里了？"在得知有固定的掩埋点后，他又问掩埋点是否就在当地。同年11月在上海考察时，习近平来到虹口区一个市民驿站，看到几位年轻人正在交流社区推广垃圾分类的做法，他十分感兴趣。一位年轻人介绍说公益活动已经成为新时尚。习近平强调，垃圾分类工作就是新时尚！

2019年春节前夕在北京看望慰问基层干部群众时，习近平来到草厂四条胡同，在和居民亲切交谈时，他希望老街坊们养成文明健康的生活方式，搞好垃圾分类和环境卫生。

好习惯是可以培养和塑造的。在大力推进生态文明建设的今天，垃圾分类应成为人人皆可为的"举手之劳"。从我做起，全社会行动起来，从垃圾分类、厕所革命这样的身边事做起，为了一个更加绿色、更加健康的美丽中国，同筑生态文明之基，同走绿色发展之路！

八、共谋全球生态文明建设

　　生态文明建设是构建人类命运共同体的重要内容。必须同舟共济、共同努力，构筑尊崇自然、绿色发展的生态体系，推动全球生态环境治理，建设清洁美丽的世界。

广东深圳小梅沙风光（中共深圳市委党史研究室提供）

（一）主动参与全球环境治理合作，为国际社会提供中国智慧和中国方案

美国有一位气象学家叫洛伦兹，他曾经在解释气候系统理论时提出著名的"蝴蝶效应"。他说："亚马孙河流域热带雨林中的一只蝴蝶偶尔扇动几下翅膀，可能在两周以后引起美国得克萨斯州的一场龙卷风。"这就是说，初始时十分微小的变化经过不断放大，对其未来状态会造成极其巨大的差别。当今时代，世界各国已成为唇齿相依的生态命运共同体。

2013 年，习近平首次提出构建人类命运共同体的倡议。所谓人类命运共同体，就是每个民族、每个国家的前途命运都紧紧联系在一起，应该风雨同舟、荣辱与共。用毛泽东的话来说，就是"环球同此凉热"。

习近平在中国共产党第十九次全国代表大会上确定：中国"积极参与全球环境治理，落实减排承诺"①，"引导应对气候变化国际合作，成为全球生态文明建设的重要参与者、贡献者、引领者"②，"要坚持环境友好，合作应对气候变化，保护好人类赖以生存的地球家园"③。他深情地展望道："各国人民同心协力，构建人类命运共同体，建设持久和平、普遍安全、共同繁荣、开放包容、清洁美丽 的世界。"④

携手共建生态良好的地球美好家园。习近平对人类生态文明建设

---

① 中国共产党第十九次全国代表大会文件汇编［M］.北京：人民出版社，2017：41.

② 同① 5.

③ 同① 47.

④ 同① 47.

寄予美好期盼，正如 2017 年 12 月，他在中国共产党与世界政党高层对话会上发表主旨讲话时所说：我们要努力建设一个山清水秀、清洁美丽的世界。地球是人类的共同家园，也是人类到目前为止唯一的家园。他强调：我们应该共同呵护好地球家园，为了我们自己，也为了子孙后代。我们应该坚持人与自然共生共存的理念，像对待生命一样对待生态环境，对自然心存敬畏，尊重自然、顺应自然、保护自然，共同保护不可替代的地球家园，共同医治生态环境的累累伤痕，共同营造和谐宜居的人类家园，让自然生态休养生息，让人人都享有绿水青山。

习近平站在人类命运共同体的高度，强调在生态文明领域加强同世界各国的交流合作。瑞士最大的成就在于解决了生态保护和经济发展之间的矛盾，因此成为世界上最富裕的国家之一，也是生态环境最好的国家之一。在会见来华出席 2013 年生态文明贵阳国际论坛的瑞士联邦主席毛雷尔时，习近平说：中国正在加强生态文明建设，致力于节能减排，发展绿色经济、低碳经济，实现可持续发展。贵州地处中国西部，地理和自然条件同瑞士相似。希望双方在生态文明建设和山地经济方面加强交流合作，实现更好、更快发展。在致生态文明贵阳国际论坛 2013 年年会的贺信中，习近平表示：保护生态环境，应对气候变化，维护能源资源安全，是全球面临的共同挑战。中国将继续承担应尽的国际义务，同世界各国深入开展生态文明领域的交流合作，推动成果分享，携手共建生态良好的地球美好家园。

在会见美国国务卿克里谈到气候变化问题时，习近平强调："中国高度重视生态文明建设。在这方面，不是别人要我们做，而是我们自己要做，采取了许多措施，今后我们还会这样做。中美虽然发展阶段不同，但在绿色低碳、节能减排等方面存在利益契合点，也各有所长，希望双方合作取得更多成果。"①

气候变化已成为全人类面临的共同挑战，应对气候变化是全人类共同的事业。习近平以中华民族特有的天下观、义利观，明确地向世界表明中国在气候治理方面的自主贡献和担当。为推动《巴黎协定》②谈判取得成功，习近平与有关国家领导人发表联合声明，并在开幕式上系统阐述加强合作、应对气候变化的主张，为谈判提供重要政治指导。

在 2015 年召开的气候变化巴黎大会上，习近平指出：巴黎协议不是终点，而是新的起点。应对气候变化的全球努力，给我们思考和探索未来全球治理模式、推动建设人类命运共同体带来宝贵启示。我们要创造一个各尽所能、合作共赢、奉行法治、公平正义、包容互鉴、共同发展的未来。为此，巴黎大会应该摒弃"零和博弈"的狭隘思维和功利主义的思维，为推动建立公平有效的全球应对气候变化机制、实现更高水平全球可持续发展、构建合作共赢的国际关系作出贡献。习近平向与会各国领导人介绍了我国生态文明建设的规划与实践，着重强调绿色发展理念，得到普遍认可和赞誉。

为了维护全球生态安全，中国政府积极参与国际绿色科技交流、国际绿色经济规则和全球可持续发展目标制定。2015 年 9 月 22 日，

---

① 李伟红. 习近平会见美国国务卿克里［N］. 人民日报，2014-02-15（1）.

② 2015 年 12 月 12 日，世界气候变化巴黎大会通过《巴黎协定》，为 2020 年后全球应对气候变化行动作出安排。

图 32　我国代表裘丽琴领取联合国地球卫士奖
（胡元勇摄　鲁家村村委会提供）

2018 年 9 月 27 日，浙江省安吉县鲁家村村主任裘丽琴在联合国总部代表浙江农民领取了联合国环境规划署颁发给浙江"千村示范、万村整治"工程的地球卫士奖，并发表获奖感言。

习近平在中美省州长论坛上指出：中国正在大力推进生态文明建设。这方面，中国有需要、有市场，美国有技术、有经验。华盛顿州在环保、海岸带保护等方面有优势，就可以同中国一些环保投入大省或沿海省份加强合作。两国地方环保领域的交流合作，理应成为中美合力应对气候变化、推进可持续发展的一个重要方面。

6 天后，9 月 28 日，习近平在第七十届联合国大会上呼吁，国际社会应该携手同行，共谋全球生态文明建设之路，牢固树立尊重自然、顺应自然、保护自然的意识，坚持走绿色、低碳、循环、可持续的发展之路。在中非企业家大会上，他指出："非洲拥有丰富的自然资源和优越的生态环境，中非合作要把可持续发展放在第一位。我们将为非洲国家实施应对气候变化及生态保护项目，为非洲国家培训生态保护领域专业人才，帮助非洲走绿色低碳可持续发展道路。"① 中非合作绝不以牺牲非洲生态环境和长远利益为代价。

2016 年是国际社会落实《巴黎协定》的关键之年。2016 年 9 月 3 日，习近平会见前来出席二十国集团领导人杭州峰会的美国总统奥巴马时指出："应对气候变化合作已成为中美关系中一大亮点。中美率先批准《巴黎协定》并共同向联合国秘书长交存批准文书，率先完成二十国集团框架下化石燃料补贴同行审议报告，再次为国际社会共同应对这一全球性挑战作出重要贡献。"② 中美两国率先交存批准文书，标志着中美两国在应对世界性难题方面又携手迈出了关键一步。二十国集团领导人杭州峰会通过了《落实 2030 年可持续发展议程行动计划》等文件，必将对促进国际发展合作发挥积极作用。

面向未来，中国向国际社会宣布了低碳发展的系列目标，包括 2030 年左右使二氧化碳排放达到峰值并争取尽早实现、2030 年单位国内生产总值（GDP）二氧化碳排放比 2005 年下降 60% 至 65% 等。习近平强调："虽然需要付出艰苦的努力，但我们有信心和决心实现我们的承诺。"

2018 年 5 月，习近平在全国生态环境保护大会上提出，共谋全球生态文明建设，深度参与全球环境治理，形成世界环境保护和可持续发展的解决方案，引导应对气候变化国际合作。要实施积极应对气候变化国家战略，推动和引导建立公平合理、合作共赢的全球气候治理

---

① 习近平关于社会主义生态文明建设论述摘编 [M].北京：中央文献出版社，2017：137.
② 王慧敏，杜尚泽.习近平会见美国总统奥巴马 [N].人民日报，2016-09-04（1）.

体系，彰显我国的负责任大国形象，推动构建人类命运共同体。

2019年4月28日，习近平在2019年中国北京世界园艺博览会开幕式上指出："我们应该追求携手合作应对。建设美丽家园是人类的共同梦想。面对生态环境挑战，人类是一荣俱荣、一损俱损的命运共同体，没有哪个国家能独善其身。唯有携手合作，我们才能有效应对气候变化、海洋污染、生物保护等全球性环境问题，实现联合国2030年可持续发展目标。只有并肩同行，才能让绿色发展理念深入人心、全球生态文明之路行稳致远。"①

2019年6月5日，2019年世界环境日全球主场活动在浙江省杭州市举行。习近平发来贺信。他指出，人类只有一个地球，保护生态环境、推动可持续发展是各国的共同责任。当前，国际社会正积极落实2030年可持续发展议程，同时各国仍面临环境污染、气候变化、生物多样性减少等严峻挑战。建设全球生态文明，需要各国齐心协力，共同促进绿色、低碳、可持续发展。他强调，中国高度重视生态环境保护，秉持绿水青山就是金山银山的重要理念，倡导人与自然和谐共生，把生态文明建设纳入国家发展总体布局，努力建设美丽中国，取得显著进步。面向未来，中国愿同各方一道，坚持走绿色发展之路，共筑生态文明之基，全面落实2030年议程，保护好人类赖以生存的地球家园，为建设美丽世界、构建人类命运共同体作出积极贡献。

两天后，2019年6月7日，习近平出席第二十三届圣彼得堡国际

---

① 习近平.共谋绿色生活，共建美丽家园——在二〇一九年中国北京世界园艺博览会开幕式上的讲话［N］.人民日报，2019-04-29（2）.

经济论坛全会，并发表题为《坚持可持续发展共创繁荣美好世界》的致辞。习近平说，当今世界正经历百年未有之大变局。放眼世界，可持续发展是各方的最大利益契合点和最佳合作切入点。联合国《2030年可持续发展议程》着眼统筹人与自然和谐共处，兼顾当今人类和子孙后代发展需求，提出协调推进经济增长、社会发展、环境保护三大任务，为全球发展描绘了新愿景。他表示，作为世界最大的发展中国家和负责任大国，中国始终坚定不移履行可持续发展承诺，取得了世人公认的成就。他强调，我们要坚持绿色发展，致力构建人与自然和谐共处的美丽家园。为子孙后代留下碧水蓝天的美丽世界是我们义不容辞的责任。中国的发展绝不会以牺牲环境为代价。我们将秉持绿水青山就是金山银山的发展理念，坚决打赢蓝天、碧水、净土三大保卫战，鼓励发展绿色环保产业，大力发展可再生能源，促进资源节约集约和循环利用。我们也将在对外合作中更加注重环保和生态文明，同各方携手应对全球气候变化、生物多样保护等迫切问题，落实好应对气候变化《巴黎协定》等国际社会共识。

（二）打造"绿色丝绸之路"，着力构建人类命运共同体

2017年1月，习近平在联合国日内瓦总部发表以《共同构建人类命运共同体》为题的演讲，从全球治理高度提出了改变世界治理体系的新思想，明确提出"构建人类命运共同体，实现共赢共享"的中国方案。习近平说：构建人类命运共同体，关键在行动。他认为，国际社会要从伙伴关系、安全格局、经济发展、文明交流、生态建设等方面作出努力。

在国际经济合作中融入绿色发展理念，建设"绿色丝绸之路"。

2016 年 4 月 5 日，习近平在参加首都义务植树活动时指出：建设绿色家园是人类的共同梦想。我们要着力推进国土绿化、建设美丽中国，还要通过"一带一路"建设等多边合作机制，互助合作开展造林绿化，共同改善环境，积极应对气候变化等全球性生态挑战，为维护全球生态安全作出应有贡献。同年 8 月 17 日，习近平在推进"一带一路"建设工作座谈会上再次提出：聚焦携手打造绿色丝绸之路、健康丝绸之路、智力丝绸之路、和平丝绸之路。2017 年 5 月，习近平在"一带一路"国际合作高峰论坛开幕式上发表演讲时说道："我们要践行绿色发展的新理念，倡导绿色、低碳、循环、可持续的生产生活方式，加强生态环保合作，建设生态文明，共同实现 2030 年可持续发展目标。"①

2017 年 7 月 29 日，在内蒙古鄂尔多斯市的库布其沙漠②举办第六届库布其国际沙漠论坛。习近平在贺信中指出：荒漠化是全球共同面临的严峻挑战。荒漠化防治是人类功在当代、利在千秋的伟大事业。中国历来高度重视荒漠化防治工作，取得了显著成就，为推进美丽中国建设作出了积极贡献，为国际社会治理生态环境提供了中国经验。库布其治沙就是其中的成功实践。他希望各位代表集思广益，为绿色"一带一路"建设和全球生态环境改善作出积极贡献。

习近平在博鳌亚洲论坛 2018 年年会开幕式上发表主旨演讲说：面向未来，我们要敬畏自然、珍爱地球，树立绿色、低碳、可持续发展

---

① 习近平谈治国理政：第二卷［M］.北京：外文出版社，2017：513.

② 库布其沙漠位于河套平原黄河"几"字弯里的黄河南岸，是中国第七大沙漠。"库布其"同"库布齐"，为蒙古语，意思是弓上的弦。

理念，尊崇、顺应、保护自然生态，加强气候变化、环境保护、节能减排等领域交流合作，共享经验、共迎挑战，不断开拓生产发展、生活富裕、生态良好的文明发展道路，为我们的子孙后代留下蓝天碧海、绿水青山。

2018年9月3日，习近平在2018年中非合作论坛北京峰会开幕式上发表主旨讲话。他强调，要把"一带一路"建设成为和平之路、繁荣之路、开放之路、绿色之路、创新之路、文明之路。关于携手打造和谐共生的中非命运共同体，习近平指出：地球是人类唯一的家园。中国愿同非洲一道，倡导绿色、低碳、循环、可持续的发展方式，共同保护青山绿水和万物生灵。中国愿同非洲加强在应对气候变化、应用清洁能源、防控荒漠化和水土流失、保护野生动植物等生态环保领域交流合作，让中国和非洲都成为人与自然和睦相处的美好家园。关于实施绿色发展行动，习近平强调：中国决定为非洲实施50个绿色发展和生态环保援助项目，重点加强在应对气候变化、海洋合作、荒漠化防治、野生动物和植物保护等方面的交流合作；推进中非环境合作中心建设，加强环境政策交流对话和环境问题联合研究；开展中非绿色使者计划，在环保管理、污染防治、绿色经济等领域为非洲培养专业人才；建设中非竹子中心，帮助非洲开发竹藤产业；开展环境保护宣传教育合作。

2018年9月12日，习近平在第四届东方经济论坛全会上发表题为《共享远东发展新机遇　开创东北亚美好新未来》的致辞。习近平指出："我们要着眼长远，实现综合协调发展。东北亚地区各国发展模式和水平不尽相同，经济增速快，合作项目多，更需要立足现实，着

图 33　昆仑山北麓的草原（魏永龙摄）

昆仑山西起帕米尔高原东部，横贯新疆、西藏，东延入青海境内。东西长约 2500 千米，海拔 6000 米左右。因其广大高峻而得名。昆仑山麓看似高寒荒凉，实则道路纵横，古代先民赶着骡马、牦牛在这里行走，走出了唐蕃古道等古代交通要道。

眼长远，加强统筹协调，实现经济和社会、资源和环境、人与自然协调可持续发展。"习近平强调："中方愿同地区各国一道，积极探讨建立东北亚地区协调发展新模式，加快科技创新，转变发展理念，加大环境综合治理力度，形成节约资源和保护环境的产业格局和生活方式，携手应对共同面临的区域性环境问题。"①

2019 年 4 月 28 日，习近平在 2019 年中国北京世界园艺博览会开幕式上说：共建"一带一路"就是要建设一条开放发展之路，同时也必须是一条绿色发展之路。中国愿同各国一道，共同建设美丽地球家

① 习近平．共享远东发展新机遇　开创东北亚美好新未来——在第四届东方经济论坛全会上的致辞［N］．人民日报，2018-09-13（2）.

园，共同构建人类命运共同体。

党的十八大以来，中国在建设生态文明方面大胆实践和尝试，环境保护卓有成效，也为世界生态治理提供了可借鉴的示范和经验，中国生态文明的理论和实践得到国际社会认同与支持。2013年2月，联合国环境规划署第二十七次理事会通过了推广中国生态文明理念的决定草案。中国积极参与国际治理并作出积极贡献。中国的绿色发展为世界贡献了中国方案。2016年，联合国环境规划署又发布题为《绿水青山就是金山银山：中国生态文明战略与行动》的报告，对习近平的绿色发展思想和中国的生态文明理念给予了高度评价。中国的生态文明建设理念和经验，在不断向外扩散。如今，库布其治沙模式已经走出内蒙古，正在沿着"一带一路"将生态文明建设理念、中国的治沙经验向更广阔的地区传播。中国加强生态领域的国际合作，并为全球生态文明建设作出的贡献，得到了国际上的广泛认可。时任联合国副秘书长、联合国环境规划署执行主任的阿奇姆·施泰纳说："中国在生态文明这个领域中，不仅是给自己，而且也给世界一个机会，让我们更好地了解朝着绿色经济的转型。"①他评价道，中国政府近几年把自己的发展路径、经验和新发展思路与世界分享，是对世界发展的重要贡献。韩国地球治理研究院院长贝一明表示："中国推动绿色发展革命，其历史意义将不亚于工业革命。"作为负责任的发展中大国，中国积极承担应尽的责任，倡导并推动各国携手应对生态危机、努力实现

---

① 陈二厚，董峻，王宇，等.为了中华民族永续发展——习近平总书记关心生态文明建设纪实[N].人民日报，2015-03-10（1）.

绿色发展、共同守护地球家园，得到国际社会"点赞"。展望未来，联合国对中国期待殷殷："在实现可持续发展目标以及应对气候变化等全球挑战中，我们高度赞赏并期待中国继续发挥全球领导力。"

九、一路走来的生态情怀

坚持以人民为中心，是习近平新时代中国特色社会主义思想的核心内容。习近平担任中共中央总书记伊始，就庄严宣示："人民对美好生活的向往，就是我们的奋斗目标。"

"合抱之木，生于毫末；九层之台，起于累土。"习近平生态文明思想的远见卓识和高尚情怀，是在中华民族悠久的历史积淀下、广袤的大地基础上、广大的人民活动的时代舞台中，逐渐生长和发展起来的。从陕北农村到河北正定，从福建到浙江……习近平始终扎根基层，心怀对人民的深厚感情。他深谙中国国情，知道人民需要什么，深切了解什么是人民群众的所想所盼所急、什么是老百姓的喜怒哀乐。

福建厦门鼓浪屿风光（厦门鼓浪屿管委会提供）

（一）插队陕北的生态情怀

1969 年年初，还不到 16 岁的习近平来到陕西省延川县梁家河大队插队当农民；1975 年，他离开梁家河到清华大学学习。在这块黄土地上，习近平工作和生活了 7 年，其中两年做大队党支部书记。在梁家河，习近平干的最多的活就是打坝。打坝就是在山沟分段横筑坝梁，挡住暴雨后的洪水，让泥浆沉淀成坝田。打坝不仅能增加土地，有利于蓄水保墒、提高粮食产量；而且能保持水土，保护当地的生态环境。

当时延安地区有 3 万多名北京知青，习近平是第一个当大队党支部书记的。为此，北京市奖励给他一辆三轮摩托车。习近平满心想着让乡亲们多打一点粮食，有几个零花钱。于是他找到延安农机局，用摩托车换了一辆东方红手扶拖拉机、一台磨面机、一台扬场机、一台碾米机和一个潜水泵。这些机器给梁家河乡亲们的生产和生活带来了很大好处。他掀起的一场沼气革命，同样温暖了梁家河乡亲们的心。

习近平说道："我曾在西部生活过多年，深知环境恶化的灾害。"在谈到使用沼气新能源时，习近平多次提及自己过去的经历。1990 年 4 月，习近平说：要"依靠科学技术的进步改善农民的生产水平"。他回忆道："1968 年我在陕北延川县梁家河村插队的时候，只不过是在全村搞了沼气化的科技活动，但却尝到了推广科技进步的甜头。家家户户煮饭不用柴、点灯不用油，乡亲们那种喜悦的笑容至今宛然在目。"[①] 2005 年 3 月 22 日，习近平在浙江省杭州市淳安县下姜村现场察看建设中的沼气池时，对村民和村干部风趣地说：30 多年前，我在

---

① 习近平 . 摆脱贫困［M］. 福建：福建人民出版社，1992：187.

图 34 陕西延川郁郁葱葱的梁家河（侯玉郎摄）

农村插队时曾经是建沼气的"专业户"。

习近平在插队的年月里，目睹陕北群众不仅口粮严重不足，连煮饭的柴禾都难以获取。牛拉屎了，赶快用手一掬，撒在土墙上，晒干后当柴烧。草木也砍了当柴烧，又增添了对生态环境的不利影响。

1974年1月8日《人民日报》刊载的介绍四川推广利用沼气的两篇报道深深地吸引了习近平。报道说，四川省许多人民公社成功地用土法制取和利用沼气煮饭、照明，农村中出现了"煮饭不烧柴和炭，点灯不用油和电"的动人景象。夜里，时任梁家河大队党支部书记的习近平，在小油灯下仔细地阅读着这两篇报道。他心潮澎湃，久久不能入睡。一直以来，梁家河群众为了烧火做饭大量砍伐草木，造成水土流失，影响农业发展。如果办沼气，不仅能解决农村的能源问题，解放生产力，还能对厕所的粪便进行处理，提高农村的公共卫生水平；

更能解决农业肥料问题，提高粮食产量。沼气，就是解决农村生产生活问题的一把钥匙。习近平心想：我们这交通不便、少煤缺柴、尚未通电的山区，如果能够像四川一样利用沼气煮饭、照明该有多好啊！他步行四十多里[①]山路来到延川县城，把发展沼气的建议和自己想去四川学习制取沼气的想法向延川县委作了汇报，获得批准。春节过后，习近平就借了路费，拉着北京支延干部柏根柱等三人，踏上了前往四川的"取经"行程。沼气的便利和清洁、当地群众的热情和办沼气的干劲，给习近平留下了深刻印象。

1974 年 4 月 1 日，延川县委根据张之森等同志的建议，决定派有关部门的 6 名同志前往四川"取经"，习近平是其中一位。同年 5 月初，延川县委全体常委听取了赴四川学习办沼气同志的汇报，根据延川的地理情况，选定县农场和梁家河等 4 个点进行沼气试验。

建沼气池需要沙子，可是梁家河没有，习近平就带领几个青年到十五里外的前马沟去挖。建沼气池的水泥运不进沟，他又带头从十五里外的公社背回来。没石灰，他们又自己办起烧灰场……

在建设沼气池过程中，习近平既是指挥员，又是技术员。遇到的困难都由他来解决。

1974 年 7 月中旬，沼气池顺利点火，梁家河亮起了陕北高原的第一盏沼气灯，一举打破了"沼气不过秦岭"的谬言。当时，整个延川县都轰动了。当地山区的农民，切实感受到了建沼气池的好处。

---

① "里"是"市里"的简称，是中国市制长度单位。在我国农村，农民常用"里"作为山路等交通路线的长度单位，1 里等于 500 米。

习近平建成陕西第一口沼气池，在延川县掀起一场轰轰烈烈的沼气革命。试验成功引起了延安地委和延川县委的重视，延川县委提出了力争在1977年全县实现沼气化的目标。然而，缺人才、缺技术成了发展沼气最大的障碍。延安地区和延川县决定，正式派考察组赴四川"取经"。

1974年12月，名为"延安地区沼气学习团"的考察小组启程了。考察小组一行7人，身兼延川县沼气办主任的北京支延干部张之森是领队，习近平是其中一员。路上，大家都很兴奋，期盼能学到真东西、取得"真经"，解决老百姓的烧柴、点灯问题。到达四川后，习近平把他想到的问题一一列了出来，提出把学习的关键放在如何保证沼气池不漏水，能承受一定压力，而且要一次试水成功上。这次考察是在比较陕北与四川两地的相同和不同中开始的：土壤含沙量大的怎么建，土壤含沙量小的怎么处理；进料口和出料口怎么设计、怎么密封；等等。石砌的、砖砌的、土挖的……从沼气池建造到沼气制取，各种土壤相对应的建造办法和技术要点，都被详细地记录下来。这些记录后来被编成一个小册子，成为延川县大办沼气的培训教材。1975年8月，梁家河共建沼气池34口，解决了43户社员的烧柴、点灯问题，基本实现沼气化。

1975年8月22日，陕西省沼气推广利用现场会在延川县召开。习近平作题为《沼气要大办，政策要落实》的经验介绍。

当时，有人编写了快板《大办沼气就是好》：

全省沼气现场会，定在延川文安驿。

省地县领导来视察，欢歌笑语满沟飞！

北京知青习近平，他和咱老百姓心贴心。

亲自到四川去"取经"，山村点亮沼气灯。

截至 1975 年 9 月 30 日，延川县建成沼气池 3200 多口，15 个公社都建有沼气池，47 个大队基本实现了沼气化。如今，梁家河早已通了电，但作为一种象征、一段历史，人们留下了习近平带领大家修建的第一口沼气池，旁边立着一块石碑，上面写着"陕西省第一口沼气池"。墙上有一幅以习近平带领村民建沼气池为原型的宣传画，两边写着"自力更生 艰苦奋斗"八个大字。当年修沼气池时拓宽的道路，至今还在为乡亲们造福。

当时习近平心中所想，或许是为梁家河的老百姓带来温暖和光明，不再让婆姨女子为煮饭受熬煎。这种精神，在他后来担任各级领导的施政实践中不断升华，最终成为"先天下之忧而忧，后天下之乐而乐"的民本情怀！从梁家河燃起的沼气的火光，映照着习近平一心为民的生态情怀。

（二）在河北正定十分重视生态建设

1982 年 4 月，习近平来到河北省正定县任县委副书记，1983 年 7 月任县委书记。习近平在正定 3 年多的岁月里，在带领正定人民推进经济社会发展的同时，十分重视生态建设，折射出他深远的战略眼光。

习近平在正定下乡调研时，发现滹沱河、老磁河沿岸河滩地绿化不够，大风一刮，漫天黄沙，生态环境十分恶劣。他提出要搞绿化，改造整治滹沱河和老磁河。最终，2000 多亩河滩地全部实现了绿化。

习近平认为，要解决正定人多地少的矛盾，必须向荒滩进军。沙

图 35 河北正定的古树国槐（文晓马摄 中共正定县委提供）

图中的国槐树龄约 600 年，位于河北省正定县县政府所在地。国槐铭牌这样写道："此地自元中统三年（1262 年）建贞定路署，元末毁于战祸。明洪武十年（1377 年）修复为真定署。清雍正元年（1723 年）改为正定府署至民国。该树树种国槐，当年修复真定府署时所植。"

荒是因沙土覆盖而不能耕种的沙地，是荒滩的重要组成部分。正定地处冀西三大沙荒（木道沟、老磁河、神道滩）所在地，沙荒面积大，长期无人耕种，改造潜力大。习近平提出，要发展好林业，利用好荒滩。正定县研究制定了《关于放宽发展林业的决定》，在东里双公社开展试点，把河滩地的经营权下放到户，而且 30 年不变。

1985 年，习近平主持制订了《正定县经济、技术、社会发展总体规划》，特别强调："保护环境，消除污染，治理开发利用资源，保持生态平衡，是现代化建设的重要任务，也是人民生产、生活的迫切要求。""宁肯不要钱，也不要污染，严格防止污染搬家、污染下乡。"

（三）在福建提出建设生态省的战略构想

习近平于 1985 年到福建省工作，先后在特区厦门、山区宁德、省会福州和省委、省政府工作了 17 年半。这期间，他在生态保护方面提出了一系列符合科学发展规律，具有前瞻性战略性的工作思路和重大举措，为福建的发展打下了坚实基础，也为福建留下了宝贵的思想和精神财富。

1. 使经济效益、社会效益、环境效益得到同步提高

习近平一直重视生态建设，强调要使经济效益、社会效益、环境效益相协调。1989 年 2 月，习近平指出，闽东山地多，但林业基础差，森林覆盖率和森林蓄积量都比较低。我们应采取积极的方针，把林业置于事关闽东脱贫致富的战略地位来制定政策。"什么时候闽东的山都绿了，什么时候闽东就富裕了。"1992 年，习近平主持编定了《福州市 20 年经济社会发展战略设想》，提出"城市生态建设"的理念，要把福州建设成为"清洁、优美、舒适、安静，生态环境基本恢复到良性循环的沿海开放城市"，这是他首次在区域经济社会发展战略中正式规划生态环境问题。1995 年，习近平指出：必须始终贯彻落实可持续发展战略，不能以牺牲环境为代价来片面追求发展速度。坚决制止山海协作中破坏生态和污染环境的项目上马。[①] 1996 年，习近平在《扎扎实实转变经济增长方式》一文中指出：把生态环境的治理和保护纳入经济和社会发展总体规划，加强环保基础设施建设，健全和完善环

---

① 习近平.山海协作　联动发展　加快建设海峡两岸繁荣带［J］.福建通讯，1995（10）：5.

保体制，严格执行各项环保标准，扩大城乡绿化面积，加强以治理废水、废气、废渣和噪声为主要内容的城市环境综合治理。实现垃圾无害化处理，使经济效益、社会效益、环境效益得到同步提高。[①] 1999年，习近平在《加快福建现代农业发展步伐（代序）》中指出：在改造自然的斗争中，我们只有遵循自然规律和经济规律，否则将受到大自然的惩罚。加强环境污染的治理，植树造林，搞好水土保持，改善生态环境。[②] 1999年3月，习近平在闽北调研时强调：要吸取一些沿海地区的教训，绝不能以牺牲环境来换取经济的暂时发展。要保持和保护山区生态平衡，发展绿色产业、绿色食品。2001年8月，习近平在宁德市调研时强调，要加强生态建设，坚持可持续发展，不要做竭泽而渔的事。

2. 开启集体林权制度改革

中华人民共和国成立以来，特别是改革开放以来，我国林业发展取得了举世瞩目的成就，但集体林权制度普遍存在产权不清晰、经营主体不落实、经营机制不灵活、利益分配不合理等问题。这些问题制约林业的发展，影响生态文明建设，也影响农民增加收入。

2002年6月21日，时任福建省省长的习近平带着省直相关部门负责人，专程来到已经在每个乡镇铺开林业改革试点的武平县调研，给予充分肯定。习近平指出，"林改的方向是对的，要脚踏实地向前推进，让老百姓真正受益"，并强调"集体林权改革要像家庭联产承包责

---

① 习近平. 扎扎实实转变经济增长方式［J］. 求是，1996（10）：26-30.

② 习近平. 加快福建现代农业发展步伐（代序）［J］. 现代农业理论与实践，1999（1）：7.

图 36　福建武平村民的林权证（李国潮摄　中共武平县委提供）

2001 年 12 月 30 日，福建省龙岩市武平县万安镇捷文村村民李桂林领到全国第一本新版林权证。这揭开了全国集体林权制度改革的序幕。

任制那样从山下转向山上"。

由此，全国集体林权制度改革在福建拉开序幕。2003 年，福建全省推进集体林权制度改革。2006 年，福建深化集体林权制度改革并得到中央认可，成为全国林业改革的标杆。2008 年，全国集体林权制度改革全面启动。如今，这项被誉为我国农村第三次土地革命的改革，已将 27 亿亩山林承包到户，给 5 亿农民带来福祉。

3. 实施特殊生态功能区、重点资源开发区和生态良好区的"三区保护战略"

2001 年 2 月 7 日，习近平在福建省第九届人民代表大会第四次会

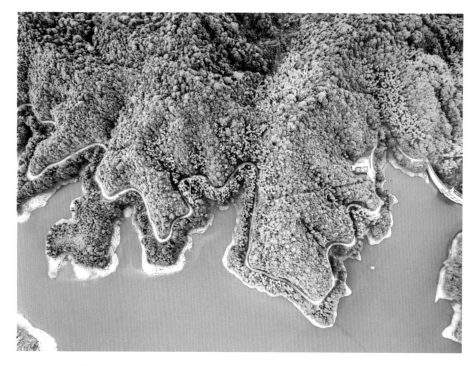

图 37　福建武平捷文水库航拍景观（张乃彬摄　中共武平县委提供）

　　捷文水库是武平县唯一的饮用水源地。武平县将水库周边的山林划定为"县级生态林"，严格保护、禁止砍伐，并对林农们进行生态补偿。

议上作政府工作报告。他指出：加强环境综合整治，巩固和扩大"一控双达标"①成果，集中解决危害群众身体健康、制约经济和社会发展的环境问题。加强生态建设与生态环境保护，实施特殊生态功能区、重点资源开发区和生态良好区的"三区保护战略"。在当时提出"三区保护战略"，尤其是提出实施特殊生态功能区保护战略，这是十分难得的宝贵思想。

———————————————

① 即控制主要污染物排放总量、工业污染源达标和重点城市的环境质量按功能区达标。

4. 保护好鼓浪屿"海上花园"风貌

从战略高度重视保护自然风景资源，坚决防止建设性的破坏。习近平在厦门工作时指出："保护自然风景资源，影响深远，意义重大。""我来自北方，对厦门的一草一石都感到是很珍贵的。""厦门是属于祖国的、属于民族的，我们应当非常重视和珍惜，好好保护，这要作为战略任务来抓好。"

关于环境保护与建设发展的关系，习近平认为："由于愚昧造成的破坏已经不是主要方面了，现在是另一种倾向，就是建设性的破坏，这种破坏不一定就是没有文化的人做的，但反映出来的又是一种无知，或者说是一种不负责任。"他强调："对于（厦门）岛内要采取最大限度的保护，对于岛外、郊县，也要加强管理、规划和审批。""岛外的乡政府应该十分重视如何帮助农村农民广开门路，发展新的就业门路。过去讲'靠山吃山、靠水吃水'，但破坏资源的做法要坚决管住，这是各级政府的职责。""能不能以局部的破坏来进行另一方面的建设？我自己认为是很清楚的，厦门是不能以这种代价来换取其他方面的发展。"①

鼓浪屿是福建沿海的一座弹丸小岛。一个多世纪以来，中华传统文化、华侨文化和西方文化在这里碰撞、融合，繁荣的"国际社区"应运而生。然而，在 20 世纪 80 年代，岛上有的居民还在砍伐林木烧水做饭，很多历史建筑年久失修，一片荒芜。1985 年，习近平主持编制《1985 年—2000 年厦门经济社会发展战略》，其附件《鼓浪屿的社

---

① 习近平同志推动厦门经济特区建设发展的探索与实践［N］.人民日报，2018-06-23（1）.

会文化价值及其旅游开发利用》中指出："考虑到我国城市和风景区的建设中，能够把自然景观和人文景观十分和谐地结合在一起者为数并不多，因此很有必要视鼓浪屿为国家的一个瑰宝，并在这个高度上统一规划其建设和保护。"这将这座小岛的规划和保护提升到前所未有的高度，开启了鼓浪屿建设的新篇章。

图 38　福建厦门鼓浪屿全景（厦门鼓浪屿管委会提供）

在领导编制首部"鼓浪屿—万石山风景名胜区总体规划"过程中，习近平反复强调，厦门经济特区在发展经济的同时，要保护好"海上花园"风貌，通过自然环境（特别是海景）的保护、风貌建筑的修复、特色文化精粹的弘扬并与时俱进、公众服务设施的建设，打造城景交融、自然人文有机统一的独特"鼓浪屿品牌"。2002 年 6 月，习近平在厦门调研时强调，坚持把突显城市特色与保护海湾生态相结合，努力创建"国际花园城市"。如今，戴上"世界文化遗产"桂冠的鼓浪屿，正如钻石般映射着时代发展的流光溢彩，散发着愈发迷人的魅力。

5. 切实搞好对资源环境国策的宣传

2002 年 4 月 22 日，习近平在《保护资源善待地球——纪念第 33 个 "世界地球日"》一文中说道：善待地球，保护资源和环境，实现可持续发展，是我国一项长期而又艰巨的任务，也是事关福建省改革开放和社会主义现代化建设成败的大问题。

习近平强调，要切实搞好对资源环境国策的宣传。通过广泛深入的宣传，使广大人民群众在思想观念上做到 "三破三立"：破除自然资源取之不尽、用之不竭的旧观念，树立资源有限、珍惜资源的新观念；破除国土资源想怎么开就怎么开的旧观念，树立国土资源科学合理可持续利用的新观念；破除 "先开发后治理"，把开发与保护、发展与治理割裂开来的旧观念，树立开发与保护、发展与治理并重，"在保护中开发，在开发中保护" 的新观念。

6. 推进长汀水土流失治理与福建生态省建设

龙岩市长汀县是我国南方水土流失最严重的地区之一。早在 20 世纪 40 年代，长汀就被列为全国三大水土流失治理试验区。习近平在福建工作期间，对长汀水土保持工作格外重视，亲自倡导以持续之功，推进长汀水土流失治理与福建生态省建设，使福建的生态文明建设走在了全国前列。

习近平曾 5 次到长汀调研，要求长汀 "治理水土流失，建设生态农业"。1999 年 11 月 27 日，是长汀水土流失治理划时代的日子。习近平专程到长汀调研水土流失治理工作。他说："要锲而不舍、统筹规划，用 8 到 10 年时间，争取国家、省、市支持，完成国土整治，造福百姓。"他要求长汀县尽快起草一份详细材料，报送福建省政府。2000

图 39　治理前的长汀县河田镇露湖石壁下景观（2001 年 10 月）
（钟炳林摄　中共长汀县委办公室提供）

图 40　治理后的长汀县河田镇露湖石壁下景观（2018 年 6 月）
（钟炳林摄　中共长汀县委办公室提供）

图 41　治理前长汀县河田镇游坊村的景观（1983 年 4 月）
（中共长汀县委办公室提供）

图 42　治理后长汀县河田镇游坊村的景观（2018 年 6 月）
（中共长汀县委办公室提供）

年1月，习近平接到《长汀县百万亩水土流失治理报告》，当即批示："同意将长汀县百万亩水土流失综合治理列入为民办实事项目和上报长汀县为国家水土保持重点县。为加大对老区建设的扶持力度，可以考虑今明两年由省财政拨出专项经费用于治理长汀县水土流失。"长汀大规模治山治水的大幕，就此拉开。闻知长汀人正在建设生态园，习近平专程托人送去1000元，捐种了一棵香樟树。2001年10月13日，习近平再次到长汀调研水土流失治理工作。在听取长汀两年来水土流失治理的汇报后，他说："水土保持是生态省建设的一项重要内容，对水土流失特别严重的地方要重点治理，以点带面。长汀水土流失治理要锲而不舍地抓下去，认真总结经验，对全省水土保持工作起到典型示范作用。"① 同年10月19日，习近平对长汀水土保持工作再次作出批示：再干8年，解决长汀水土流失问题。

世纪之交，习近平提出生态省建设战略构想。2000年，习近平在担任福建省省长时就前瞻性地提出建设生态省的战略构想，指导编制了《福建生态省建设总体规划纲要》，并多次对福建生态文明建设作出指示，强调"生态资源是福建最宝贵的资源，生态优势是福建最具竞争力的优势，生态文明建设应当是福建最花力气的建设"。

2001年福建省生态建设领导小组成立，习近平亲自担任组长。2002年1月23日，他在福建省九届人大五次会议的政府工作报告中强调，"建设生态省，大力改善生态环境，是促进我省经济社会可持续

---

① 阮锡桂，郑璜，张杰. 绿水青山就是金山银山——习近平同志关心长汀水土流失治理纪实［N］. 福建日报，2014-10-31（1）.

图 43　福建长汀生态治理后建成的三洲湿地公园
（梁斌摄　中共长汀县委办公室提供）

　　三洲湿地公园位于福建省龙岩市长汀县三洲镇，历史上曾是水土流失重灾区，山地植被稀少，被称为"火焰山"。生态治理后山上植被茂密，山下流水潺潺。"火焰山"变为湿地公园，正是长汀生态环境得以根本改善的生动写照。

发展的战略举措，是一项造福当代、惠及后世的宏大工程"。2002 年 8 月 25 日，习近平在《福建生态省建设总体规划纲要》论证会上提出，要"通过以建设生态省为载体，转变经济增长方式，提高资源综合利用率，维护生态良性循环，保障生态安全，努力开创'生产发展、生活富裕、生态良好的文明发展道路'，把美好家园奉献给人民群众，把青山绿水留给子孙后代"[1]。他强调，要经过 20 年的努力奋斗，把福建

---

① 中央农村工作领导小组办公室，福建省委农村工作领导小组办公室.习近平总书记"三农"思想在福建的探索与实践［N］.人民日报，2018-01-19（1）.

建设成为生态效益型经济发达、城乡人居环境优美舒适、自然资源永续利用、生态环境全面优化、人与自然和谐相处的，经济繁荣、山川秀美、生态文明的可持续发展省份。由此，福建成为全国首个在全省范围内开展生态文明建设的省份。2002年8月，福建被列为全国首批生态省建设试点省份。

多年来，福建按照习近平绘就的生态省建设蓝图要求，坚持绿色发展理念，加大造林绿化和水土流失治理力度，健全生态保护机制，已经成为中央批准的首个生态文明试验区，全省森林覆盖率达65.95%，居全国首位。水、大气、生态环境质量保持全优，福建人民的家园正日益美好。到中央工作后，习近平多次对福建生态环境保护工作作出重要指示。2012年1月，习近平在《关于支持福建长汀推进水土流失治理工作的意见和建议》上作出重要批示："长汀县水土流失治理正处在一个十分重要的节点上，进则全胜，不进则退，应进一步加大支持力度。要总结长汀经验，推动全国水土流失治理工作。"2012年3月，在北京看望参加全国两会的福建代表团时，习近平再次殷切嘱咐：要认真总结推广长汀治理水土流失的成功经验，加大治理力度，完善治理规划，掌握治理规律，创新治理举措，全面开展重点区域水土流失治理和中小河流治理，一任接着一任，锲而不舍地抓下去，真正使八闽大地更加山清水秀，使经济社会在资源的永续利用中良性发展。2014年11月，习近平在福建考察时指出，要努力建设"机制活、产业优、百姓富、生态美"的新福建。

（四）在浙江提出"绿水青山就是金山银山"重要理念

2002年10月12日，习近平来到浙江省工作，在这里工作了4年多，跨 6 个年头。2016 年 9 月 3 日，习近平在二十国集团工商峰会开幕式上发表主旨演讲时，深情地回忆道："杭州也是生态文明之都，山明水秀，晴好雨奇，浸透着江南韵味，凝结着世代匠心。""我曾在这里工作了 6 个年头，熟悉这里的山水草木、风土人情，不要说杭州的水，杭州的山我都走过，参与和见证了这里的发展。""我多次说过，绿水青山就是金山银山，保护环境就是保护生产力，改善环境就是发展生产力。这个朴素的道理正得到越来越多人们的认同。而我对这样的一个判断和认识正是在浙江提出来。"习近平十分重视浙江的生态建设，强调通过建设生态省来实践"绿水青山就是金山银山"。从"八八战略"① 总方略中提出打造"绿色浙江"，到把"千村示范、万村整治"工程作为推动浙江生态省建设的有效载体，再到进一步提出"绿水青山就是金山银山"这一科学论断，绿色发展理念事关浙江乃至中国未来的永续发展大计，也成为习近平生态文明思想的重要源头。

---

① 指 2003 年 7 月中共浙江省委第十一届四次全体（扩大）会议提出的利用浙江省发展的八个优势、面向未来发展的八项举措。主要内容是：进一步发挥浙江的体制机制优势，大力推动以公有制为主体的多种所有制经济共同发展，不断完善社会主义市场经济体制；进一步发挥浙江的区位优势，主动接轨上海、积极参与长江三角洲地区交流与合作，不断提高对内对外开放水平；进一步发挥浙江的块状特色产业优势，加快先进制造业基地建设，走新型工业化道路；进一步发挥浙江的城乡协调发展优势，统筹城乡经济社会发展，加快推进城乡一体化；进一步发挥浙江的生态优势，创建生态省，打造"绿色浙江"；进一步发挥浙江的山海资源优势，大力发展海洋经济，推动欠发达地区跨越式发展，努力使海洋经济和欠发达地区的发展成为浙江经济新的增长点；进一步发挥浙江的环境优势，积极推进基础设施建设，切实加强法治建设、信用建设和机关效能建设；进一步发挥浙江的人文优势，积极推进科教兴省、人才强省，加快建设文化大省。

1. 关注农村生态治理

2003 年 6 月，在时任浙江省委书记习近平的倡导和主持下，以农村生产、生活、生态的"三生"环境改善为重点，浙江在全省启动"千村示范、万村整治"工程（简称"千万工程"），开启了以改善农村生态环境、提高农民生活质量为核心的村庄整治建设大行动。2005 年，习近平指出，欠发达地区、环境污染重点地区、生态敏感区要以改水、改路、改厕、改房以及垃圾和生活生产污水集中处理为重点，加强村庄整治和生态环境建设。把村庄垃圾无害化处理和污水净化治理新技术、新方法的推广应用，作为村庄整治的深入推进项目。2006 年 9 月，习近平强调：通过加强生态建设，切实保护好农村自然生态，可以改善农村人居环境，促进人与自然和谐相处。[①] 习近平一直重视农村人居环境整治，对于"千万工程"始终挂念在心。2015 年 5 月，他在浙江调研时说："浙江山清水秀，当年开展'千村示范、万村整治'确实抓得早，有前瞻性。希望浙江再接再厉，继续走在前面。"2018 年 4 月，习近平指出："进一步推广浙江好的经验做法，因地制宜、精准施策，不搞'政绩工程'、'形象工程'，一件事情接着一件事情办，一年接着一年干，建设好生态宜居的美丽乡村，让广大农民在乡村振兴中有更多获得感、幸福感。"[②]

2. 打造"绿色浙江"，这是一项事关全局和长远的战略任务

习近平到浙江工作伊始，以抓创建生态省为目标，全面推进浙江

---

① 习近平.建设新农村林业肩负重要使命［N］.中国绿色时报，2006-09-27（1）.

② 何玲玲，张旭东，何雨欣，等.绘就新时代美丽乡村画卷——习近平总书记关心推动浙江"千村示范、万村整治"工程纪实［N］.人民日报，2018-04-24（1）.

省生态环境建设。从方案起草、体系设计、规划论证到建设推进，他亲力亲为，全程参与。生态省建设，成为浙江省生态文明建设的载体和突破口、实现人与自然和谐相处的有效途径。

2002 年 12 月 18 日，习近平主持召开浙江省委十一届二次全体（扩大）会议。他提出："以建设生态省为重要载体和突破口，加快建设'绿色浙江'，努力实现人口、资源、环境协调发展。"

一个月后，在习近平直接推动下，浙江成为继海南、吉林、黑龙江、福建之后，全国第 5 个生态省建设试点省。

2003 年 7 月 11 日，浙江召开生态省建设动员大会。习近平作动员讲话，宣示生态省建设要以人与自然和谐为主线，以加快发展为主题，以提高人民生活质量为根本出发点，以体制创新、科技创新和管理创新为动力，在全面建设小康社会、提前基本实现现代化的进程中，坚定不移地实施可持续发展战略，使浙江走上生产发展、生活富裕、生态良好的文明发展道路。

在这次动员大会上，习近平说："建设生态省，是一项事关全局和长远的战略任务，是一项宏大的系统工程。""以最小的资源环境代价谋求经济、社会最大限度的发展，以最小的社会、经济成本保护资源和环境，既不为发展而牺牲环境，也不为单纯保护而放弃发展，既创建一流的生态环境和生活质量，又确保社会经济持续快速健康发展，从而走上一条科技先导型、资源节约型、清洁生产型、生态保护型、循环经济型的经济发展之路。"①

---

① 晏利扬.生态蓝图绘到底　八八战略一脉传［N］.中国环境报，2018-06-29（1）.

习近平一直认为，加强生态建设是对子孙后代的历史责任。2003年，习近平在接受《人民论坛》记者采访时指出：浙江省委、省政府提出进一步发挥浙江的生态优势，创建生态省，打造"绿色浙江"的部署，这是一项事关全局和长远的战略任务，是我们对国家、对浙江人民、对子孙后代的庄严承诺。加快构建五大体系——以循环经济为核心的生态经济体系、可持续利用的自然资源保障体系、山川秀美的生态环境体系、人与自然和谐的人口生态体系、科学高效的能力支持保障体系，把浙江建设成为具有比较发达的生态经济、优美的生态环境、和谐的生态家园、繁荣的生态文化、人与自然和谐相处的可持续发展省份。① 2003 年 7 月 3 日，习近平在《浙江日报》发表《生态兴则文明兴——推进生态建设打造"绿色浙江"》。这是浙江生态省建设的宣言书，鲜明地提出了"生态兴则文明兴，生态衰则文明衰"这一重要思想。它是习近平在分析当时国内外发展大势基础上得出的一个重要结论。10 年后，作为中共中央总书记的习近平，在主持十八届中央政治局第六次集体学习时再次强调"生态兴则文明兴，生态衰则文明衰"。2003 年 10 月 30 日，习近平在第三届中国环境与发展国际合作委员会第二次会议上书面发言指出：不重视生态的政府是不清醒的政府，不重视生态的领导是不称职的领导，不重视生态的企业是没有希望的企业，不重视生态的公民不能算是具备现代文明意识的公民。2005 年 3 月 1 日，习近平在浙江省人口资源环境工作座谈会上强调

---

① 习近平 . 发挥八个优势　推进八项举措——访浙江省委书记习近平［J］. 人民论坛，2003
　（11）：13.

"我们必须通过生态省建设，让人民群众喝上干净的水，呼吸上清洁的空气，吃上放心的食物"。①

要树立保护环境也是政绩的理念。2005年3月，习近平对浙江淳安的干部说，淳安一定要在生态建设上当好示范，保护好环境，保护好千岛湖的优质水资源。这是大局，是当地最重要的政绩。2006年5月29日，习近平在浙江省第七次环境保护大会上指出：发展与人口资源环境的关系是发展中最大的辩证法。破坏生态环境就是破坏生产力，保护生态环境就是保护生产力，改善生态环境就是发展生产力。经济增长是政绩，保护环境也是政绩。他深情地说道："上善若水"，水是江南的灵魂。失去了"春来江水绿如蓝"的意境，"山水浙江、诗画江南"就失去了灵性。

在浙江工作期间，习近平高度重视生态文化建设。生态文化建设，是生态文明建设的根基。生态文明建设最终要依靠全民生态环境意识和绿色发展意识的觉醒，也必然依靠千百万人共同的绿色行动。

习近平指出："推进生态省建设，既是经济增长方式的转变，更是思想观念的一场深刻变革。从这个意义上说，加强生态文化建设，在全社会确立起追求人与自然和谐相处的生态价值观，是生态省建设得以顺利推进的重要前提。"②"进一步加强生态文化建设，使生态文化成为全社会的共同价值理念，需要我们长期不懈地努力。"③

---

① 习近平.干在实处 走在前列——推进浙江新发展的思考与实践［M］.北京：中共中央党校出版社，2006：190.

② 习近平.之江新语［M］.浙江：浙江人民出版社，2007：48.

③ 同②.

习近平强调："善待地球就是善待我们自己，珍惜资源就是珍惜我们国家和民族的前途，持续发展就是为我们的子孙后代创造良好的发展环境和条件。在浙江这片美丽的充满生机和活力的沃土上，需要每一个人都来珍惜每一片森林、每一条江河、每一寸土地、每一座矿山，走节约资源、保护环境之路，使人与自然永远和谐相处。"①

习近平把绿色发展作为浙江经济社会发展的"底色"，展示了他对全球经济发展趋势、人类文明发展历程和浙江经济社会发展实际的深刻洞察与精准把握。

3. 建设资源节约型社会，是一场关系到人与自然和谐相处的"社会革命"

2004 年 12 月 28 日，习近平在浙江省政协九届九次常委会议上说：人类追求发展的需求和地球资源的有限供给，是一对永恒的矛盾。建设资源节约型社会，是一场关系到人与自然和谐相处的"社会革命"。2005 年 12 月，习近平在浙江省经济工作会议上指出：建设资源节约型和环境友好型社会，是加快转变增长方式，缓解资源约束和环境压力，实现节约发展、清洁发展、安全发展、可持续发展的根本途径。②习近平认为，建设节约型社会，既要从点滴抓起，从身边做起，发挥节约的累积效应和长期效应，但也不能"只见树木，不见森林"。还要注重从整体入手，从宏观入手，牢牢抓住结构调整和增长方式转变这个建设节约型社会的根本。

---

① 周咏南，张冬素 . 习近平寄语全省少先队员　为推进浙江生态省建设贡献力量［N］. 浙江日报，2006-04-22（1）.

② 习近平 . 在全省经济工作会议上的讲话［J］. 政策瞭望，2006（1）：4.

2006 年 1 月 15 日，习近平在浙江省人口资源环境工作座谈会上指出：结构调整是建设节约型社会的根本。经济结构的优化升级是最大的节约。同年 5 月 29 日，习近平在浙江省第七次环境保护大会上强调：调整优化经济结构是解决环境问题的治本之策。要树立结构决定功效的宏观调控理念，着力在调整优化经济结构、转变经济增长方式上下功夫。

习近平还强调，大力发展循环经济，转变增长方式，建设资源节约型和环境友好型社会，是我们唯一的出路。2005 年 4 月 5 日，习近平在浙江生态省建设工作领导小组会议上指出：把发展循环经济纳入国民经济和社会发展规划，建立和完善促进循环经济发展的评价指标体系和科学考核机制，建立健全有关的法律法规体系，提高市场准入的门槛，从法制上制裁、从经济杠杆上制约浪费资源的行为，从供地、供水、供电、供贷等方面的政策上支持循环经济发展。2005 年 6 月 21 日，习近平在浙江省循环经济工作会议上强调，发展循环经济，科技创新和制度创新是动力。没有先进技术和管理制度的支撑，循环经济的目标就无法实现。

我国社会主义现代化建设不能再走西方传统的工业化道路。2003 年 10 月 11 日，习近平在浙江省委党校与部分学员座谈时指出：环境保护和生态建设，早抓事半功倍，晚抓事倍功半，越晚越被动。那种只顾眼前、不顾长远的发展，那种要钱不要命的发展，那种先污染后治理、先破坏后恢复的发展，再也不能继续下去了。2004 年 3 月 19 日，习近平要求：不能盲目发展，污染环境，给后人留下沉重负担，而要按照统筹人与自然和谐发展的要求，做好人口、资源、环境工作。

2004 年 4 月 12 日，习近平指出，人无远虑，必有近忧。不和谐的发展、单一的发展，最终将遭到各方面的报复，如自然界的报复等。发展，说到底是为了社会的全面进步和人民生活水平的不断提高，就是要追求人与自然的和谐相处，就是要实现经济发展和生态建设的双赢。2005 年 12 月 26 日，习近平在舟山调研时强调，要更加注重增长质量的提高，更加注重资源的集约利用，更加注重生态环境的保护，更加注重发展的可持续性，绝不能再沿袭高投入、高消耗、高污染、低效益的传统工业化模式，走粗放型的发展路子。

2005 年，习近平在浙江新昌考察时指出："单纯的 GDP 增长，或者说经济社会不协调的发展是不科学的发展。因为生态环境很重要，经济社会的发展如果是以牺牲环境为代价的，这种发展就是得不偿失、难以为继的，同时也会引起人民群众很大的意见和强烈的反响。"2006 年 8 月，习近平考察浙江湖州南太湖开发治理工作时说道："我们要实现双赢，既要保护生态，也要发展经济，经济发展不能以牺牲生态为代价，生态很好反过来可为经济发展提供一些增长点。"

4. 全面实施浙江生态功能区划战略

习近平高度重视浙江全省的生态功能区划战略。2005 年 9 月 5 日，习近平在钱塘江流域调研时指出，要结合各地的产业基础和环境功能，优化生产力布局，"对于哪些地方是丝毫不能污染的，哪些地方是可以暂时容忍有限污染的，哪些产业是必须无条件退出的，哪些产业是必须转移的，哪些产业是可以改造的，对这些都要进行宏观上的把握、整体上的布局。特别是钱塘江中上游地区就是要考虑生态功能区的定位，必须严格规范建设项目的环保许可，切实把好环保审批关。"

2006 年 5 月 29 日，习近平在浙江省第七次环境保护大会上进一步阐述说：要依据环境容量优化区域布局，充分运用资源环境政策的杠杆作用，实施差别化的区域开发政策。根据资源禀赋、环境容量、生态状况等要素，明确不同区域的功能定位和发展方向，将区域经济规划和环境保护目标有机结合起来，并根据环境容量和自然资源状况分别进行优化开发、重点开发、限制开发、禁止开发。严格按照生态功能区要求，确定不同地区的主导功能，配套以体现科学发展观要求的政绩导向，形成各具特色的发展格局。

在习近平的倡导和推动下，2006 年浙江主体功能区划战略全面实施，确定了优化开发、重点开发、限制开发和禁止开发等功能区。

5. 提出"绿水青山就是金山银山"重要理念

2005 年 8 月 15 日，习近平来到浙江安吉余村调研。他听完汇报后非常高兴，即兴讲了话。他说："生态资源是最宝贵的资源，不要以牺牲环境为代价来推动经济增长，这样的经济增长不是发展。""我们要留下最美好的、最可宝贵的，也要有所不为，这样也许会牺牲一些增长速度。""刚才你们讲了，要下决心停掉矿山，这些都是高明之举，绿水青山就是金山银山。""从安吉的名字，我想到了人与自然的和谐、人与人的和谐、人与经济发展的和谐。""要坚定不移地走自己的路，要有所得，有所失……在鱼和熊掌不可兼得的时候，要知道放弃，要知道选择。"[①] 这是习近平首次明确提出"绿水青山就是金山银山"这一重要理念。在随后发表的《之江新语》中，习近平这样阐释："我们

---

① 辛本健，顾春，王洲，等.习近平叮嘱我们护好绿水青山［N］.人民日报，2018-09-16（1）.

追求人与自然的和谐，经济与社会的和谐，通俗地讲，就是既要绿水青山，又要金山银山。"

在"绿水青山就是金山银山"理念指引下，作为浙江"美丽乡村"建设的重要举措，2003 年 6 月，习近平倡导和推动"千村示范、万村整治"工程。经过 15 年的持续奋斗，如今"千万工程"取得了巨大成效，并得到国际社会认可。2018 年 9 月 27 日，该工程荣获联合国"地球卫士奖"中的"激励与行动奖"。联合国副秘书长兼环境规划署执行主任埃里克·索尔海姆对浙江的绿色发展成果给予高度评价和赞赏，他说："我在浙江浦江和安吉看到的，就是未来中国的模样，甚至是未来世界的模样。"

始于 2003 年的"千万工程"，先于联合国的 2030 可持续发展议程：改善村庄人居环境，摒弃损害甚至破坏生态环境的发展模式，主动减少二氧化碳排放量。"千万工程"描绘的中国农村新画卷，高度契合联合国 2030 年可持续发展目标——解决社会、经济、环境三个维度的发展问题，转向可持续发展道路。浙江的"千万工程"，是"绿水青山就是金山银山"理念在基层农村的成功实践。在习近平生态文明思想指引下，以"千万工程"为新起点，近 14 亿中国人民推进乡村振兴、建设美丽中国的步伐更加坚定，必将在人类生态文明建设史上写下光彩夺目的一页。

（五）在上海强调经济社会生态协调共进

2007 年 3 月 24 日，习近平担任中共上海市委书记。同年 10 月 27 日，习近平告别上海，前往中央工作。他在上海工作了 7 个月零 4 天。习近平在上海工作的时间虽然不长，但他站在全局的高度谋划上海经济社会的长远发展，强调经济社会生态协调共进。

1. 关心淀山湖水源保护区

淀山湖位于上海市青浦区与江苏省昆山市交接处，是上海最大的淡水湖泊。2007 年 7 月 11 日，习近平在青浦区调研时指出，要以对人民群众、对子孙后代高度负责的精神，把环境保护和生态治理放在各项工作的重要位置，下大力气解决在环境保护方面的突出问题，坚持奋发有为、乘势而上，切实做到经济持续增长、污染持续下降、环境持续改善，努力形成人与自然和谐相处的宜居环境。

在随后举行的座谈会上，习近平强调：要加强环境保护和生态治理，进一步加大污染控制力度，在淀山湖水源保护区执行最严格的环保标准，提高环保准入门槛和工程治污标准，通过淘汰落后企业、加大污染治理、优化产业结构，把污染减排各项措施落到实处。要加快转变经济发展方式，坚持环保优先、节约优先的方针，大力发展高技术、高效益、低消耗、低污染的产业，坚持扶优限劣，坚决依法淘汰落后生产能力。要市区携手，坚持不懈、持之以恒，加强水环境治理，做好生态治理工作。要积极探索建立环境保护补偿机制，立足实际，加快建立与周边省市的协同机制，真正形成湖区治理的长效机制。

2. 加快建设资源节约型、环境友好型城市

2007 年 5 月 24 日，习近平在中共上海市第九次代表大会上指出，大力推进资源节约和环境保护，加快建设资源节约型、环境友好型城市。强化全社会节约资源、保护环境的意识和责任，综合运用经济、法律、技术和必要的行政手段，积极发展循环经济，加快形成可持续的生产方式和消费模式，促进经济发展与资源、环境相协调。他强调，

继续加强环境保护和生态建设。滚动实施环保三年行动计划，严格落实污染物总量控制制度，强化从源头上防治污染。加强绿化建设。大力推进崇明现代化生态岛建设和发展。加强海洋、湿地、滩涂等自然资源的保护与合理利用。

3. 加快推进崇明现代化生态岛建设

2007 年 4 月 12 日，习近平来到崇明县调研。水清、气洁、林茂、土净、环境宜人，这是习近平当时对崇明生态岛建设的目标要求。他强调，要正确处理生态与民生的关系，加快构筑现代生态型产业体系。

习近平指出，建设崇明生态岛是上海按照中央要求实施的又一个

图 44　上海崇明岛的西沙湿地公园（黎军摄）

西沙湿地公园位于崇明岛西南端，是崇明国家地质公园的核心组成部分。这里是上海市科学技术委员会立项的湿地生态修复实验基地，也是国家生态旅游示范区。

重大发展战略，要把崇明建设成为环境和谐优美、资源集约利用、经济社会协调发展的现代化生态岛区，力争在"十一五"期间有所突破，实现崇明跨越式发展，促进上海全面协调可持续发展。要切实加快推进崇明现代化生态岛建设，促进城乡、区域、经济社会协调发展，促进人与自然和谐发展。

（六）推崇焦裕禄等一心为民并积极治理生态的县委书记

习近平多次强调，全党各级干部要向焦裕禄、谷文昌、杨善洲等同志学习。2015年6月30日，习近平在会见全国优秀县委书记时指出："焦裕禄、杨善洲、谷文昌等同志是县委书记的好榜样，县委书记要以他们为榜样，始终做到心中有党、心中有民、心中有责、心中有戒，努力成为党和人民信赖的好干部。"[①] 2015年12月11日，习近平在全国党校工作会议上要求，要多讲讲焦裕禄、杨善洲、谷文昌等各条战线优秀干部的模范事迹。他说："焦裕禄同志在兰考干了一年多时间，但做的都是谋划长远、打基础的事情，不是急就章。"同样，谷文昌、杨善洲也是这样做的。他们都有一个共同特点，那就是把为人民服务化为带领群众发展生产、改善生活上，把防风治沙、保持水土、加强生态建设作为改善民生的突破口，并取得了巨大成就。

1. 焦裕禄一心想着怎么尽快治理河南兰考的风沙等自然灾害

见贤思齐，是中华民族的优良传统之一。焦裕禄是在毛泽东思想哺育下成长起来的优秀共产党人的杰出代表。习近平从小就对焦裕禄十分崇敬，一直以焦裕禄为榜样，激励自己为人民服务。

---

① 习近平. 做焦裕禄式的县委书记［M］.北京：中央文献出版社，2015：67.

2014年3月18日，习近平在河南省兰考县委常委扩大会议上深情地说道："我们这一代人，是深受焦裕禄同志的事迹教育成长起来的。几十年来，焦裕禄同志的事迹一直在我脑海中，焦裕禄同志的形象一直在我心中。记得一九六六年二月七日，《人民日报》刊登了穆青等同志的长篇通讯《县委书记的榜样——焦裕禄》，我当时上初中一年级，政治课老师在念这篇通讯的过程中几度哽咽，多次泣不成声，同学们也流下眼泪。特别是念到焦裕禄同志肝癌晚期仍坚持工作，用一根棍子顶着肝部，藤椅右边被顶出一个大窟窿时，我受到深深震撼。后来，我当知青、上大学、参军入伍、当干部，我心中一直有焦裕禄同志的形象，见贤思齐，总是把他当作榜样对照自己。焦裕禄同志始终是我的榜样。"①

在这次会议上，习近平还吟诵了自己担任福州市委书记时，于1990年7月15日填写，并于7月16日《福州晚报》上刊登的《念奴娇·追思焦裕禄》词：

中夜，读《人民呼唤焦裕禄》一文，是时霁月如银，文思萦系……

魂飞万里，

盼归来，

此水此山此地。

百姓谁不爱好官？

把泪焦桐成雨。

① 习近平.做焦裕禄式的县委书记［M］.北京：中央文献出版社，2015：32-33.

生也沙丘，

死也沙丘，

父老生死系。

暮雪朝霜，

毋改英雄意气！

依然月明如昔，

思君夜夜，

肝胆长如洗。

路漫漫其修远矣，

两袖清风来去。

为官一任，

造福一方，

遂了平生意。

绿我涓滴，

会它千顷澄碧。

习近平说："这首词我是有感而发，直抒胸臆。""百姓谁不爱好官？把泪焦桐成雨。生也沙丘，死也沙丘，父老生死系。暮雪朝霜，毋改英雄意气！""为官一任，造福一方，遂了平生意。"词中的内容深深表达了习近平对焦裕禄的崇敬之情，以及他自己爱民为民、责任担当的坚定情怀。

1962 年冬天，正是河南省兰考县遭受内涝、风沙、盐碱"三害"最严重的时刻，党派焦裕禄来到兰考。第二天，当大家知道焦裕禄是

图 45　河南兰考的焦裕禄同志纪念馆（赵瑞莲摄）

新来的县委书记时，他已经下乡了。

见到沙丘，他说："栽上树，岂不是成了一片好绿林！"见到涝洼窝，他说："这里可以栽苇、种蒲、养鱼。"见到碱地，他说："治住它，把一片白变成一片青！"

不久，在焦裕禄倡议和领导下，一个改造兰考自然环境的蓝图被制订出来。这个蓝图规定在三五年内，要取得治水、治沙、治碱的基本胜利，改变兰考的面貌。

焦裕禄下决心要把兰考县 1800 平方千米土地上的自然情况摸透，亲自去掂一掂兰考的"三害"究竟有多大分量。他在全县展开了大规模的追洪水、查风口、探流沙的调查研究工作。据调查，兰考全县有大小风口 84 个、大小沙丘 1600 个。这种大规模的调查研究，使兰考县委基本上掌握了"三害"的发生规律。

焦裕禄在群众中学到了不少治水、治沙、治碱的办法，总结了不少可贵的经验。一天早上，焦裕禄在村口看见一个农民拿黏土封坟，就问他为何这样做。农民说，这是他母亲的坟，一刮风，坟头就没了，拿黏土封上坟，种上草，再大的风也刮不动，只要一个上午就能封好。当时，焦裕禄就想，兰考 36 万人还愁封不上那些沙丘吗？回去后，焦裕禄立即召开会议，提出"贴上膏药、扎上针"的计划。"贴上膏药"是指用翻淤压沙的办法把沙丘封住；"扎上针"是指在沙丘上种上树，把沙丘固定住。就在 1963 年冬天，兰考县葡萄架乡赵垛楼大队为害农

图 46 焦裕禄同志当年在兰考种下的泡桐树（孙晓华摄）

田多年的 24 个沙丘，被社员群众用沙底下的黄胶泥封盖住了。社员们还挖通了河渠，治住了内涝。

从 1964 年冬天到 1965 年春天，兰考刮了 72 次大风，却没有发生风沙打死庄稼的灾害，19 万亩沙区的千百条林带开始把风沙锁住了。

焦裕禄在兰考只留下 4 张照片。那时候，照相是奢侈的事。这 4 张照片中只有一张是他自己愿意照的，就是那张他站在泡桐树下掐着腰的照片，其他的都是别人偷着拍的。

有一次焦裕禄回到家，他爱人端出一碗米饭。当年，米饭很金贵。焦裕禄问，米是从哪里来的。得知是兰考县委考虑他身体不好，照顾他几斤大米，焦裕禄立即大声对他爱人说："这可使不得。这些大米，你赶快给研究泡桐的南方大学生送去，他们吃面食吐酸水。"可以看出，焦裕禄是何等喜欢树和关心植树的年轻人。这也反映出他对兰考生态治理的情怀。

2. 谷文昌带领福建东山全县人民奋力拼搏 10 余年，终于将荒岛变为绿洲

习近平长期在福建工作，对谷文昌的事迹十分了解。2001 年 10 月 13 日，习近平来到长汀县察看水土流失治理情况时说，为了让人民群众生活在山清水秀的优美生态环境里，还要继续发扬谷文昌精神，一任接着一任干，锲而不舍地抓下去。在浙江工作时，习近平在一次会议上说道：福建东山县的县委书记谷文昌之所以一直受到广大干部群众的敬仰，是因为他在任时不追求轰轰烈烈的"显绩"，而是默默无闻地奉献，带领当地干部群众通过十几年的努力，在沿海建成了一道惠及子孙后代的防护林，在老百姓心中竖起了一座不朽的丰碑。

图 47　福建东山的谷文昌纪念馆
（中共东山县委、东山县人民政府提供）

　　2014 年 11 月 2 日，习近平在福建考察工作时指出："福建这片热土孕育了许多先进人物，谷文昌同志就是一个，我多次提到过他的事迹。他在东山县工作了十五年，带领全县人民拼搏奋战，把一个荒漠化的孤岛变成半岛，并建成了海上绿洲，使群众摆脱了世代逃荒要饭的苦日子，也为后来的发展打下了基础。谷文昌同志的事迹同焦裕禄、杨善洲同志的事迹一样，展示了一名共产党员和一名领导干部的坚强党性、远大理想、博大胸怀、高尚情操。"[①] 2015 年 1 月 12 日，习近平在中共中央党校县委书记研修班学员座谈会上说：我经常提到

---

① 习近平总书记重要讲话文章选编［M］.北京：中央文献出版社，2016：232–233.

五六十年代福建东山县县委书记谷文昌，他一心一意为老百姓办事，当地老百姓逢年过节是"先祭谷公，后拜祖宗"。

老百姓为什么"先祭谷公，后拜祖宗"呢？因为在东山百姓的心里，谷文昌不是亲人，胜似亲人。他给老百姓带来的福祉，比海还要深，比山还要高。

"不带私心搞革命，一心一意为人民。"这两句话谷文昌不仅写在了笔记本上，更用实际行动践行了一辈子。

70 年前，福建东山县几乎是一片不毛之地，风沙肆虐，民不聊生。那里流传着这样的民谣："春夏苦旱灾，秋冬风沙害。一年四季里，季季都有灾。""微风三寸土，风大石头飞。"据记载，那时东山一年中刮 6 级以上大风的时间长达 150 天，全岛森林覆盖率仅为 0.12%。谷文昌和东山县委一班人带领全县军民拼搏奋战了 14 个春秋，植树造林防治风沙，打水井、建水库抗旱排涝，还修公路、筑海堤、建海港、造盐田。

谷文昌走遍了东山的大小山头，把一个个风口的风力、一座座沙丘的位置详细记录下来。他走村串户，和村干部、老农民促膝长谈，制订了"筑堤拦沙、种草固沙、造林防沙"的方案。

东山县委、县政府领导群众植树造林，先后种过 10 多个树种、几十万株苗木，但一次也没有成功，灾荒和贫困依然笼罩着东山。失败和挫折，没有压垮谷文昌。百姓在叹息："神仙也治不住风沙！"他指天发誓："不治服风沙，就让风沙把我埋掉！"1956 年，东山县第一次党代会就全面实现绿化、根治风沙问题通过决议。谷文昌还描绘了一幅宏伟蓝图："要把东山建设成美丽幸福富裕的海岛。"

1957 年，转机终于出现了，喜讯不断。林业技术员吴志成报告，查到了国外种植木麻黄①有效防治风沙的资料。谷文昌高兴地说："不管外国货、中国货，只要能治风沙就行！"第二个喜讯是，福建省林业部门通报：广东省电白县种植木麻黄取得成功。又一个喜讯为，调查组发现，东山县白埕村的沙丘旁生长着 6 株挺拔的木麻黄。第二天，谷文昌就把正在县里参加扩大干部会议的 300 多名县、区、乡干部，拉到木麻黄树下。他说：木麻黄在这里能种活，在别处也一定能种活。这 6 株木麻黄，就是东山的希望！

1958 年一开春，党政军民齐上阵，一连 4 天，20 万株木麻黄遍植东山全岛。然而，失败又至。持续一个多月的倒春寒，冻死了几乎全部树苗。屡战屡败，谷文昌却毫不气馁："只要我们有决心，光秃秃的海岛一定会变成绿油油的海岛。"

几近绝望之际，林业技术员小林告诉谷文昌，白埕村有 9 株木麻黄还活着！谷文昌抚摸着那几株新绿的幼苗，就像抚摸婴儿的脸蛋儿："能活 9 株，就一定能活 9000 株、9 万株！"

希望，从这点点绿色开始。很快，组建了一个由林业技术员、领导干部、农民组成的造林试验小组，谷文昌亲自担任组长。他们总结出沙地木麻黄造林六大技术要点，即良种壮苗、适时种植、带土栽种、大穴种栽、适当密植、雨天造林，并印成小册子分发到各大队、生产小队，做到人手一册。

东山从此有了这样壮观的场面：一下雨，广播里马上播送造林紧急

① 木麻黄属于常绿乔木，喜高温多湿气候，耐干旱也耐潮湿，适生于海岸的疏松沙地。

图48　鸟瞰福建东山岛（李颖摄　中共东山县委、
东山县人民政府提供）

东山岛位于福建省漳州市东山县，是福建省第二大岛。今天的东山岛海水湛蓝、沙滩绵软、森林茂密，是生态旅游胜地。

通知，各级干部带头冲进雨幕。百里长滩，千军万马，歌声与风声齐飞，汗水和雨水交织。

3年过去了，东山的421座山头、3万亩沙滩，尽披绿装。3万亩防沙林、6万亩水土保持林、201条林带，在山坡、沙丘上傲然崛起，守护着田园村舍。

"神仙都难治"的风沙，被共产党治服了。人种树、树保地、地生粮、粮养人。谷文昌描绘的蓝图变成了现实：荒岛变绿洲。

3. 杨善洲退休后自愿造林20余载，使昔日荒山变成林海

在云南省保山市，杨善洲的名字几乎无人不晓。他担任过8年保山地委书记，1988年退休之后，没有按组织安排迁居省城昆明安享清福，而是回到家乡，带领年轻人义务造林20多年，建成面积约5.6万亩的大亮山林场，使昔日的荒山变成了林海。

2011年4月13日，习近平在"学习杨善洲精神、做人民满意的好

图 49　云南保山的杨善洲同志纪念馆
（苏建成摄　杨善洲精神教育基地管理委员会提供）

党员好干部"座谈会上指出："杨善洲同志把党和人民的事业看得比泰山还重，在职期间他一心扑在工作上，带领干部群众努力发展粮食生产、推广科学种田、开展多种经营、兴修水利设施，把贫穷落后的保山地区建成全国闻名的'滇西粮仓'；退休后他放弃到省城安享晚年的机会，义务植树造林 20 多年，使昔日的荒山变成林海，还把价值 3 亿多元的林场经营管理权无偿交给国家。杨善洲同志用实际行动践行了中国共产党人为人民利益不懈奋斗的事业观。"习近平强调："我们学习杨善洲同志，就要以干事为责，以干事为荣，以干事为乐，把自己的人生追求和价值目标融入为祖国富强、民族振兴、人民幸福的奋斗之中。"①

---

① 习近平 . 学习杨善洲精神 做人民满意的好党员好干部［J］. 学习与研究，2011（5）：8.

早在 1981 年 9 月，杨善洲就在一次全区性的会议上说，过去，我们缺乏长远建设的思想，忽视发展林业生产，现在已经造成了很严重的后果。

这不是凭空说的，而是有据可查。中华人民共和国成立初期，保山的森林总面积为 1485 万亩，森林覆盖率约 52%；根据 1975 年森林资源普查结果，保山森林总面积减少至 810 万亩，森林覆盖率下降至 28.3%。据估算，保山地区每年森林的自然生长量是 56 万立方米，消耗量却高达 100 万立方米。其中，建设用材约 25 万立方米，烧柴约 65 万立方米，火灾和开荒毁林约 10 万立方米。森林的自然生长量和消耗量倒挂，而建设要用木材，群众做饭要烧柴，山林火灾年年会发生，长此以往，矛盾将进一步加剧。这样下去，用不了 20 年保山现有的森林将荡然无存。

杨善洲的家乡在云南省保山市施甸县。他回想起年幼的时候，施甸县的大亮山森林茂密、流水潺潺，但是 20 世纪 50 年代后，森林被伐成孤木，一个个山泉干涸，一座座山头裸露，绿色消散了，山民们生活困难。思索经年，杨善洲决心退休后回到家乡，在大亮山办林场，让荒山重披绿装。

1988 年，杨善洲从领导岗位上退了下来。他决定回乡绿化荒山："家乡的林子前些年就快砍光了，造成水土流失。这样下去，子孙后代的日子怎么过？"

施甸县的干部群众听说老书记杨善洲要回乡植树造林，非常高兴。县里决定组建施甸大亮山林场，将当时姚关、酒房和旧城 3 个乡的荒山及杂木林划归林场。大亮山林场的荒山面积达到 8 万亩。云南省林业厅闻讯拨款 50 万元以示支持，云南省财政厅也给了 50 万元作为流动资金。

1988 年 3 月 8 日，杨善洲带着 17 位同志，雇了 18 匹马，驮着帐篷、工具、粮食、锅碗瓢盆，登上了"半年雨水半年霜"的大亮山，开始了他 22 年的造林生涯。在张家大坪子，他把群众代表找来，召开现场大会，宣布成立施甸县大亮山国社联营林场。在大会上，杨善洲说："办大亮山林场，是我多年的愿望。过去，我当地委书记，没时间来种树。现在，我退休了，有时间了，就和大家一道上山种树，绿化我们的家园。"

买树苗资金不足，杨善洲就经常提个口袋下山，到镇里和县城的大街上，去捡别人吃果子后随手扔掉的果核，桃核、梨核、龙眼核、芒果核……有什么捡什么，放在家里用麻袋装好，积少成多后用马驮上山。他说："捡果核不出成本，省一分是一分。"

22 载辛勤耕耘，大亮山重新披上了绿装：5.6 万亩人工林、1.6 万亩杂木林……有关部门算了一笔账：整个林场约有 1120 万棵树，按每株 30 元的最低价算，总价值也有 3 亿多元！林子每年都成长，又是一笔可观的"绿色存款"；至于生态效益和社会效益，更无法估量。2009 年 4 月，82 岁的杨善洲作出一个惊人的举动，他把大亮山林场的经营管理权无偿移交给国家。

大亮山的森林涵养了水源，减少了水土流失。山下的土地，单产从过去的每亩 200 来斤（约 100 千克）提高到每亩 500 多斤（约 250 千克）。大亮山成长起来的，不只是一片森林，而且是一笔生生不息的绿色财富，泽惠周边的千家万户。

图 50　云南善洲林场的瞭望塔景观
（钏思伟摄　杨善洲精神教育基地管理委员会提供）

焦裕禄、谷文昌、杨善洲一心为民、治理生态的事迹感人至深。全国所有的县委书记、全国各级领导干部，如果都能像焦裕禄、谷文昌、杨善洲那样高度重视生态治理，那么，我国生态文明建设一定会取得扎扎实实的历史性成就。

党的十八大以来，习近平高度重视生态文明建设，提出一系列新理念新思想新战略，形成了习近平生态文明思想。作为人民领袖的习近平，他的生态情怀是一以贯之的，根源于他的人民情怀。他深情地说道："人民是我们执政的最大底气。党和国家事业发展的一切成就，归功于人民。只要我们紧紧依靠人民，就没有战胜不了的艰难险阻，就没有成就不了的宏图大业。"①

---

① 习近平. 在二〇一九年春节团拜会上的讲话［N］. 人民日报，2019-02-04（1）.

正是黄土高原的苍天厚土，孕育了青年习近平宽厚敦实的优良品质和滴水穿石般的至高境界。7 年的农村生活、7 年的甘苦与共，不仅使他和陕北乡亲们结下了深厚情谊，也使他从青年时期就对农村、农民及脚下的热土有了更切身的了解和感悟，对改变国家、人民、民族的命运增添了毅然决然的抱负和担当。习近平离开梁家河的那天早晨，他住的那个院子里，天不亮就站满了前来送行的乡亲们，他们都是自发来的。习近平说：陕北的人民养育了我，保护了我。我虽然告别了陕北的父老兄弟，但再也离不开人民。这种朴素的情感穿越了半个世纪。

党的十八大后，习近平以人民领袖的情怀，从实现中华民族伟大复兴中国梦的历史维度推进生态文明建设，彰显了当代中国共产党人的远见卓识和使命担当。

十、"绿水青山就是金山银山"的实践

习近平站在"生态兴则文明兴"的历史高度，提出"绿水青山就是金山银山"的重要思想。"绿水青山就是金山银山"已经成为我国社会主义现代化建设的重要原则，深深融入亿万人民群众的心田，化作人民群众建设富强民主文明和谐美丽的社会主义现代化强国的理论自觉和实践自觉。

事实表明，绿水青山可以带来金山银山，但金山银山买不到绿水青山。绿水青山与金山银山既会产生矛盾，又可辩证统一。如果能够把这些生态环境优势转化为生态经济优势，那么，绿水青山就可以源源不断地带来金山银山。

安徽广德的笄山竹海（裴安海摄　中共广德市委、广德市人民政府提供）

（一）浙江余村是"绿水青山就是金山银山"理念的发源地

余村是浙江省湖州市安吉县天荒坪镇的一个小山村，位于浙江天目山余脉的余岭脚下，占地4.86平方千米，三面环山，一条小溪从中穿过，是一个典型的山村。

余村境内多山，有着优质的石灰岩资源。20世纪七八十年代起，余村人靠山吃山，先后建起石灰窑，办起砖厂、水泥厂，成为当时安吉全县最大的石灰岩开采区。全村有280户村民，一半以上的家庭有人在矿区务工。石矿也被村民称为全村人的"命根子"。这个"石头经济"模式，曾让余村风光无限。

20世纪90年代，余村的集体经济年收入达到300多万元，名列安吉县各村之首。那时，县里、镇里的大会小会都把余村当发展典型。村强了，民富了，但好环境没有了。"石头经济"严重破坏当地生态环境。矿区烟尘漫天，常年一片灰蒙蒙的，许多村民都不敢开窗户。大雨过后的河道，水的颜色跟牛奶一样，都是石灰水，得沉淀后才能用。整个村庄笼罩在灰蒙蒙的粉尘中，经年下来，村里患上呼吸道疾病的人也多了。"黑玫瑰"的绽放，带来了持续性的污染。30多年前，还是初中生的潘文革在作文里写道："水泥厂上空，升起了黑色烟雾，像是一朵黑玫瑰正在优雅地绽放……"今天提及此事，现任余村党支部书记的潘文革哑然失笑："当时觉得水泥厂带来了好生活，就应该被歌颂、被赞美。"

2003年7月，浙江省委十一届四次全会召开。时任浙江省委书记的习近平把"进一步发挥浙江的生态优势、创建生态省、打造'绿色

图 51　昔日余村水泥厂（俞小平摄　中共安吉县委宣传部提供）

浙江'"，作为"八八战略"的重要一条正式提出。建设"绿色浙江"
的决策迅速传达到全省每个县、每个村。

2003 年，在浙江省委、省政府提出建设生态省战略的大背景下，
安吉县提出创建全国第一个生态县的规划。是继续走一味索取资源的
发展道路，还是另谋出路？余村人在认真分析了客观形势和自身资源
特点后，痛下决心，作出了由"石头经济"向"生态旅游经济"转轨
的重大抉择，决定放弃每年 300 多万元的集体经济收入，还余村一片
绿水青山。

从 2003 年到 2005 年，余村人痛下决心，相继关停多家矿山和水
泥厂。这是余村在发展方式上的一次"壮士断腕，岂能迟疑"之举。

2005 年 3 月，时任余村党支部书记的鲍新民带着新班子全体成员，向村民们庄严宣布：从此关闭全村所有矿山企业，彻底停止"靠山吃山"的做法，调整发展模式，还余村绿水青山！

当年的关停举动，有不少人不理解。可是，只有关停矿区，余村才能真正走上可持续的健康发展之路，老百姓才能生活得更好。关停矿区，让余村的集体经济收入锐减。但这一痛定思痛的举动，让余村赢得了好名声，更让余村迎来了一个历史性的时刻。

2005 年 8 月 15 日，时任浙江省委书记的习近平来到余村调研。在村里简陋的会议室，习近平听取镇党委书记和村党支部书记的汇报。当得知余村人关停了矿山，开始发展休闲旅游经济时，习近平说："一定不要再去想走老路，还是迷恋过去那种发展模式。所以刚才你们讲到下决心停掉一些矿山，这个就是高明之举，绿水青山就是金山银山，我们过去讲既要绿水青山，也要金山银山，其实绿水青山就是金山银山。"小山村这间不大的会议室，留下了浙江绿色发展的难忘足迹。

对于当年的情形，鲍新民仍记忆犹新："我当时在汇报中说，村里关停了矿山这座金山银山，正在恢复绿水青山。习近平听了很高兴。习近平当时还问，你们没有了矿山，靠什么发展？我汇报了村里要发展休闲旅游经济的想法，计划办旅游景区、开农家乐，吸引城里的游客。习近平肯定了我们的发展方向。他说，浙江在建设生态省，推行'八八战略'，建设节约型社会，推行循环经济，对湖州来讲是个必由之路，也是一条康庄大道。"讲起这段往事，鲍新民有些激动："习近平当时的讲话让我们信心大增。临走时，他还主动和我们村干部合了影，并鼓励我们村要好好发展。"同样参加了那次座谈会的现任村支书潘文革记得：“习近平当时还告诫参加座谈会的干部群众，生态资源是最宝贵的资源，人与自然的和谐，总是有所为、有所不为，不要以环境为代价，去推动经济增长，因为这样的增长不是发展。”从那时起，余村始终秉承“两座山”的科学论断，坚定地走生态发展之路，焕发勃勃生机。

2005 年，主政浙江的习近平在考察安吉时，首次提出“绿水青山就是金山银山”的著名论断。习近平尖锐批评了一些干部的错误认识：把“发展是硬道理”片面地理解为“经济增长是硬道理”，把经济发展简单化为 GDP 决定一切。“那种要钱不要命的发展，那种先污染后治理、先破坏后恢复的发展，再也不能继续下去了。”2015 年 5 月，习近平在浙江考察时说：“我在浙江工作时说‘绿水青山就是金山银山’，这话是大实话，现在越来越多的人理解了这个观点，这就是科学发展、可持续发展，我们就要奔着这个做。”

余村从简单粗放的生产方式中走了出来。虽说同样是靠山吃山，但余村人收获的是人与自然和谐共处的那份愉悦。在古银杏树下，躺在竹椅上看星星，小溪流水潺潺，天籁之音绕耳，人们充分体验被大自然怀抱的感觉，真切体会绿水青山中的含金量。余村这幅美图，正是“两山论”科学论断的一个生动写照。

余村人下决心封山护水，村里挤出所剩不多的集体资金修复冷水洞水库，拆除余村溪边所有的违章建筑，把竹制品家庭作坊搬进工业区，统一管理、统一治污。余村一年一个脚印，扎扎实实铺展青山绿水的画卷。

10 多年来，在“两山论”的指引下，余村人坚定不移地走绿色发展的路子。如今的余村，村强、民富、景美、人和，成为践行“两

图 52 绿水青山中的余村（余村村委会提供）

山"理念的生动典型。余村村民人均年收入从 2005 年的 8732 元增加到 2017 年的近 4 万元，"被幸福累弯了腰"的余村人，正享受着绿水青山就是金山银山带来的喜悦。

践行"两山"理念，建设美丽乡村。余村坚持以"两山"理念为指引，全力打造中国美丽乡村升级版。呵护绿水青山，持续推进村庄绿化、亮化、净化、美化工作，努力将当地"绿水青山"的环境优势转化为建设"金山银山"的现实生产力。从 2005 年开始，余村大力发展生态休闲乡村旅游，2016 年接待游客 30 多万人次，旅游总收入 2000 多万元，休闲经济年均增长超过 45%，实现了美丽环境与美丽经济的共建共赢。2016 年，余村集体经济收入 380 万元、农民人均纯收入 35895 元，比 2015 年增长了 25% 和 15%。目前，余村已建成国家 3A 级景区，并荣获"全国生态文化村"等称号。

新时代要有新气象、新作为。余村人决心以习近平新时代中国特色社会主义思想为指导，笃行"两山"理念，认真落实党的十九大提出的乡村振兴战略，持续深化文明村创建，努力把余村建设成为文明乡村样板！

联合国副秘书长兼环境规划署执行主任埃里克·索尔海姆访问了浙江省多个地方，并特意前往"绿水青山就是金山银山"理念的发源地——安吉县余村，亲眼见识了当地的绿水青山如何变成百姓的金山银山。

"浙江之行让我对'绿水青山就是金山银山'理念有了更深刻的理解。余村通过削减矿山、造纸等落后产能，发展休闲旅游、健康养生、生态竹木业等绿色产业，破解了保护环境与产业发展的难题。"他表示，绿色发展为浙江省带来了"金山银山"，创造了大量就业岗位，民众拥有了更多的发展机遇，这种经济发展与生态保护相协调的模式值得世界各地民众共享。

埃里克·索尔海姆说："我希望中国倡导的宝贵的理念能够更为广泛地传播。所有环境问题都是能够解决的，关键在于领导力，而中国向世界展现了领导力。""中国在生态文明建设方面提出了许多宝贵理念，值得世界各国借鉴。"

（二）塞罕坝生态文明实践是"绿水青山就是金山银山"的生动写照

河北塞罕坝林场是我国生态文明建设的一个典型范例。自 1962 年建场以来，三代塞罕坝人接续努力，在极其恶劣的自然条件和生态环境下建成了世界上面积最大的人工林，创造了沙漠变绿洲、荒原变林海的绿色奇迹。

"塞罕坝"是蒙汉合璧语，意为"美丽的高岭"。塞罕坝林场位于河北省最北部的围场满族蒙古族自治县，处于内蒙古浑善达克沙地南缘。历史上，这里水草丰美、森林茂密、鸟兽繁多。清朝康熙皇帝曾在此设立木兰围场，作为"哨鹿设围狩猎之地"，塞罕坝是围场的重要组成部分。《围场厅志》曾记载，此地"落叶松万株成林，望之如一线，游骑蚁行，寸人豆马，不足拟之"。

但是清朝末期，国势衰微，内忧外患。为了弥补国库亏空，从19世纪60年代开始，木兰围场开围放垦，树木被大肆砍伐，加之山火不断，到20世纪50年代初期，原始森林近乎绝迹。不足百年，"美丽的高岭"便梦碎荒原，沦落成"黄沙遮天日，飞鸟无栖树"的苍凉大漠。

历史的发展证明："生态兴则文明兴，生态衰则文明衰。"2016年1月，习近平在省部级主要领导干部学习贯彻党的十八届五中全会精神专题研讨班上语重心长地指出："河北北部的围场，早年树海茫茫、水草丰美，但从清朝同治年间开围放垦，致使千里松林几乎荡然无存，出现了几十万亩的荒山秃岭。这些深刻教训，我们一定要认真吸取。"

中华人民共和国成立时，由于连年战争，我国的生态环境遭到很大破坏。当时，我国的森林覆盖率仅有8.6%。中华人民共和国一成立，毛泽东就开始关注祖国的荒山荒地。1956年3月，毛泽东发出绿化祖国的伟大号召。有计划地绿化这些荒山荒地，实现绿化祖国的伟大目标，时刻萦绕在开国领袖毛泽东的心头。

20 世纪 60 年代初，风沙紧逼北京城。浑善达克沙地与北京的直线距离仅有 180 千米。浑善达克沙地的平均海拔 1000 多米，而北京的平均海拔仅 40 多米。有专家形象地指出，对于北京，"如果这个沙源阻挡不住，就相当于站在屋顶上向院子里扬沙子"。塞罕坝恰好处在那个能挡沙子的特殊地理位置上。如果说内蒙古浑善达克沙地与北京所处的华北平原之间隔着一道门的话，那么，塞罕坝就是那道门的门栓。

塞罕坝人就是肩负着使命感开始创业的。为了破解风沙南侵的困境，1961 年 10 月，时任林业部国营林场管理总局副局长的刘琨，率专家组来到已是冰天雪地的塞罕坝。"尘沙飞舞烂石滚，无林无草无牛羊。"他骑着马在塞罕坝荒凉的高岭台地上考察了 3 天，拿到了珍贵的第一手资料。刘琨说："共产党为老百姓谋福利，就得上管天、下管地，中间还要管空气！"专家组认为，这种状况必须全力遏阻、尽快改变，否则首都早晚会被黄沙吞没。防沙防风的唯一办法就是在塞罕坝种树固土，把森林恢复起来，竖起一道绿色的屏障，阻挡风沙南侵。

在当时我国财政极其困难的情况下，国家决心拨出一笔巨资，在河北北部大规模防沙造林。林业部决定在塞罕坝等荒漠化严重的地区筹建 5 个大型机械化林场，以弧线方式构筑一道保卫北京、造林固土的绿色屏障。

"为首都阻沙源，为京津涵水源。"半个多世纪以来，一代代塞罕坝林场干部职工艰苦奋斗，成功培育出世界上面积最大的人工林。塞罕坝林场的林地面积，由建场前的 24 万亩增加到目前的 112 万亩。森林覆盖率由建场前的 12% 提高到 80%。塞罕坝林场的森林蓄积量，由建场前的 33 万立方米增加到 1012 万立方米，增长了 30 倍。塞罕坝人

图 53　塞罕坝人创业时居住的房子（塞罕坝林场提供）

图 54　塞罕坝人创业时居住的马架子（窝棚）（塞罕坝林场提供）

图 55   建厂初期塞罕坝机械造林现场（塞罕坝林场提供）

在平均海拔 1500 米的高原上接力传承，创造了高寒沙地生态建设史上的绿色奇迹。塞罕坝人用双手艰辛种下的这片百万亩波澜壮阔、郁郁葱葱的人造森林，犹如一只奋飞的雄鹰，用两只巨大的翅膀牢牢守护着浑善达克沙地南缘，并与河北承德、张家口一带的防护林连成一体，筑起一道雄伟的绿色长城，成为京津冀和华北地区的"风沙屏障"和"水源卫士"。塞罕坝林场三代人的青春和岁月，终于还清了百年间历史欠下的这笔生态账，形成了良性循环的发展链条，走上了绿色发展的康庄大道，铸造了推进生态文明建设的生动范例。"美丽高岭"这片动人的"中国绿"，正惠及京津、浸润世界。

在 2013 年 2 月召开的京津冀协同发展座谈会上，习近平对河北张家口、承德地区统筹推进生态建设与脱贫攻坚提出要求："建设京津冀水源涵养功能区，同步考虑解决京津周边贫困问题。"2014 年早春，在习近平亲自谋划和推动下，京津冀协同发展上升为重大国家战略。《京津冀协同发展规划纲要》将塞罕坝所在的承德市，划入京津冀西北部生态涵养功能区。

全力提高生态服务功能，保障京津冀生态安全。这是新时代对张家口、承德地区确立的生态功能定位，也是新时代塞罕坝人扛起的政治责任和新的神圣使命。

血水、汗水、泪水，从来都是历史车轮前进的润滑剂。艰苦创业是塞罕坝的传家宝，任何时候都不能丢。"党的十八大以来，我们抓住改革奋进的发展期，实施攻坚造林计划，植绿最后的荒地。"这是新时代塞罕坝人继续艰苦创业的心声。

塞罕坝林场不仅是我国生态文明建设的一个成功范例，还成为全球环境治理的"中国榜样"。"塞罕坝林场建设者的故事激励着所有人"，联合国副秘书长兼环境规划署执行主任埃里克·索尔海姆认为，"塞罕坝林场建设者的故事证明，退化了的环境是可以被修复的"，"这些非凡成就印证了习近平主席提出的生态文明建设理念行之有效"。

党的十八大以来，塞罕坝人不断践行绿色发展理念。从 2012 年开始，塞罕坝林场大幅压减木材砍伐量，从以往每年 15 万立方米调减至 9.4 万立方米，木材产业收入占营林收入的比重也从 66.3% 降至 40%。前人栽树，后人乘凉。塞罕坝人不因小失大，不寅吃卯粮，不急功近利。

最近几年，塞罕坝林场继续增林扩绿，把土壤贫瘠和岩石裸露的石质阳坡作为绿化重点，大力实施攻坚造林工程。目前已在山高坡陡、极难生长树木的硬骨头地块上完成攻坚造林 8.9 万亩。攻坚造林工程大幅提高了塞罕坝林场的森林覆盖率，目前已达到 86% 的饱和值。

　　绿色发展终于改变了塞罕坝的面貌，让这里成为云的故乡、花的世界、林的海洋。春天，群山抹绿，雪映杜鹃；夏天，林海滴翠，百花烂漫；秋天，赤橙黄绿，层林尽染；冬天，白雪皑皑，银装素裹……塞罕坝四季皆有美景，是华北地区知名的森林生态旅游胜地。当地大力发展生态旅游，每年吸引游客50多万人次，一年的门票收入可达4000余万元。塞罕坝林场的森林资源总价值已达到202亿元，每年带动当地实现社会总收入超过6亿元。塞罕坝的这片"绿水青山"已经成为真正的"金山银山"。

　　2017年8月，习近平对塞罕坝林场建设者的感人事迹作出重要批示："55年来，河北塞罕坝林场的建设者们听从党的召唤，在'黄沙遮天日，飞鸟无栖树'的荒漠沙地上艰苦奋斗、甘于奉献，创造了荒原变林海的人间奇迹，用实际行动诠释了绿水青山就是金山银山的理念，铸就了牢记使命、艰苦创业、绿色发展的塞罕坝精神。"塞罕坝人以忠诚使命为内核，以艰苦奋斗为底色，以绿色发展为追求，谱写了一部人类改天换地的绿色进行曲。

图56　塞罕坝林场的太阳湖（闫春生摄）

2017年12月5日，河北塞罕坝林场建设者荣获联合国环保最高奖项"地球卫士奖"。这沉甸甸的奖杯，凝聚着塞罕坝林场建设者55年的心血和汗水，辉映着"牢记使命、艰苦创业、绿色发展"的塞罕坝精神。"地球卫士奖"作为联合国系统最具影响力的环保奖项，授予塞罕坝林场建设者，不仅是对塞罕坝人的肯定，也生动诠释了中国是"全球生态文明建设的重要参与者、贡献者、引领者"。这是联合国及全世界对中国绿色发展理念、中国生态文明建设和塞罕坝精神的高度肯定。

塞罕坝林场的实践，是将荒原沙地变为绿水青山、再将绿水青山转化为金山银山的典型，是对"绿水青山就是金山银山"理念的生动诠释。

"在今天的中国，绿水青山就是金山银山这一理念家喻户晓，它通俗而深刻地讲清了人与自然的关系，而塞罕坝的故事印证的也正是这样一个绿色道理。还有许多像塞罕坝一样的绿色奇迹，正在让古老的中国更加生机盎然。"这是70多岁的塞罕坝林场退休职工陈彦娴的肺腑之言。

从塞罕坝这个缩影可以看到，只要坚持绿色发展，中国在创造经济奇迹的同时，一定会创造出一个生态奇迹。同时，也只有坚持绿色发展，才能使青山常在、绿水长流、空气常新，才能让人民群众在良好的生态环境中生产生活。"荒原变成森林，森林换来绿水青山，绿水青山在无声无息中变成金山银山，塞罕坝形成了良性循环的发展链条。"习近平提出的"绿水青山就是金山银山"理念，已经在"美丽高岭"塞罕坝落地生根。

让美丽与发展同行。正如习近平在中国共产党第十九次全国代表

大会上所强调的："我们要建设的现代化是人与自然和谐共生的现代
化，既要创造更多物质财富和精神财富以满足人民日益增长的美好生
活需要，也要提供更多优质生态产品以满足人民日益增长的优美生态
环境需要。"①

（三）库布其治沙模式是"绿水青山就是金山银山"理念的经典样本

在黄河内蒙古段"几"字弯南岸，鄂尔多斯高原北部与河套平原
交界地带，我国第七大沙漠——库布其沙漠盘踞于此。库布其，蒙古
语意为"弓上的弦"。奔腾不息的黄河似弓，横亘东西、绵延 360 多千
米的沙漠如弦。

库布其沙漠总面积 1.86 万平方千米。这里曾经生态恶化，寸草不
生，沙尘肆虐。30 多年来，库布其治沙者创造了生态奇迹。他们克服
了很多常人难以想象的困难和挑战，硬是把大荒漠变成"绿水青山"，
让那里的百姓摆脱贫困，为世界荒漠化防治贡献中国经验。

2017 年 12 月，库布其治沙项目负责人、亿利资源集团董事长王文
彪，在第三届联合国环境大会期间荣获"地球卫士奖"。他在接受专访
时表示："库布其曾经是千年荒芜、寸草不生的死亡之海。过去 30 年，
在政府的大力支持下，在亿利人坚持不懈的努力下，我们把这片赤地
千里的沙漠变成了'绿水青山'，变成了'生态银行'，对家乡和国家
作出了示范性的贡献，更重要的是给人类在荒漠化地区生活和发展带
来了信心。"

---

① 中国共产党第十九次全国代表大会文件汇编［M］.北京：人民出版社，2017：40-41.

2017 年 7 月，习近平在致第六届库布其国际沙漠论坛的贺信中指出："中国历来高度重视荒漠化防治工作，取得了显著成就，为推进美丽中国建设作出了积极贡献，为国际社会治理生态环境提供了中国经验。库布其治沙就是其中的成功实践。"

世界瞩目的这个绿色奇迹，究竟是怎样发生的？

中华人民共和国成立之时，库布其沙漠的生存条件极其恶劣。当地流传着这样两首民谣："沙里人苦、沙里人累，满天风沙无植被；库布其穷、库布其苦，库布其孩子无书读；沙漠里进、沙漠里出，没水没电没出路。""黄沙滚滚半天来，白天屋里点灯台。行人出门不见路，庄稼牧场沙里埋……"古老的歌谣，唱出了库布其沙漠的忧伤。那时，

图 57　库布其沙漠中的穿沙公路
（宋宪磊摄　鄂尔多斯市林业局提供）

穿沙公路长约 115 千米，是库布其沙漠的生命之线、致富之路。现如今，穿沙公路两侧绿意盎然，绿色中国梦已然成为现实。

库布奇沙漠每年向黄河岸边推进数十米，流入黄河的泥沙多达 1.6 亿吨，直接威胁"塞外粮仓"河套平原与黄河安澜。

中华人民共和国成立之后，特别是改革开放以来，鄂尔多斯人在库布其治沙过程中敢为人先，锐意改革，探索形成了政府、企业、公众共治共享的治理机制。

20 世纪 50 年代提出"禁止开荒""保护牧场"，60 年代提出"种树种草基本田"，70 年代提出"逐步退耕还林还牧，以林牧为主，多种经营"。1978 年，中国最大的生态工程——"三北"防护林工程启动，库布其沙漠成为主战场。1978 年，鄂尔多斯人在内蒙古自治区率先推行"草畜双承包"的生产责任制，推动草原生态保护。

20 世纪 80 年代初，库布其把"五荒地"（荒山、荒滩、荒沙、荒沟、荒坡）划拨到户，鼓励种树种草，谁种谁有，允许继承。实施"个体、集体、国家一齐上，以个体为主"的造林方针，出现了千家万户抢治荒沙、植树造林的可喜局面。高林树，是内蒙古鄂尔多斯市达拉特旗官井村第一个承包荒沙造林的人。1986 年，他以一亩两毛钱的价格承包荒沙 800 亩，赶着驴车走了 3 天，用 3 只羊从 80 多千米外换回一车沙柳苗条。高林树带着 3 个儿子吃住在沙漠里，冒严寒，战酷暑，20 多年摸爬滚打，一共让 5000 亩荒沙披上了绿装。贫穷的官井村人纷纷行动起来，一茬种不活再种一茬，一块治完再治一块，硬生生把沙漠腹地的 19 万亩沙地变成绿洲。几十年来，库布其人一代接着一代干，书写了一部荒漠化治理的英雄史诗。

鄂尔多斯人在库布其沙漠南北缘栽下"锁边林"，建起了东西长200 多千米、南北宽 3 千米至 5 千米的绿色防风固沙体系，乔、灌、草结合，带、网、片相连。同时，依托十大季节性河流，修建多条穿沙公路，将沙漠切割成块状，分区治理，建成一道道绿色生态屏障，阻止沙漠扩张蔓延。

库布其沙漠能够依靠沙漠植物的大规模种植来实现治理，是具有先天自然条件优势的，库布其沙漠平均年降水量280毫米，而其他许多沙漠的年降水量在200毫米以下。此外，因气候较为寒冷，库布其沙漠的年蒸发量远小于其他地处热带的沙漠。再加上背靠黄河，库布其沙漠的地下水资源并不匮乏。

治沙是攻坚战，也是持久战，必须运用科学的方法。在与沙漠长期的较量中，鄂尔多斯人采用一些行之有效的治沙奇招：有被誉为凝聚治沙智慧的"中国魔方"——草方格沙障；有成本低廉、效率很高的"水气种植法"；还有在黄河凌汛期引水滋润沙漠等。鄂尔多斯人引进、创新了100多项沙漠种植技术，培育了沙柳、甘草等20多种免耕耐寒耐旱经济植物，突破了沙漠植树的世界性难题。如"水气种植法"能将每亩植物种植成本降低1800多元，成活率由原来的20%提高到85%以上。鄂尔多斯人摸索出一条尊重自然、持续创新的科学治沙之路，不仅为自己除沙患找到有效方法，也为人类治理荒漠化提供有益的中国经验。

党的十八大作出大力推进生态文明建设的决策部署以来，库布其治沙明显提速。党委和政府主导、政策引导，治沙龙头企业亿利集团发挥突出的示范、带动作用，大批企业、社会组织、农牧民等各方力量踊跃参与。

库布其的植被在增加。经过几十年不懈努力，库布其沙漠的治理面积达 6000 多平方千米，绿化面积达 3200 多平方千米，1/3 的沙漠变成绿洲。森林覆盖率、植被覆盖度分别由 2002 年的 0.8%、16.2%，增加到 2016 年的 15.7%、53%，生物种类大幅增加。以往持续恶化的生态环境，实现了"整体遏制、局部好转"的历史性转变。

库布其的流沙在减少。库布其区域流动沙地面积从 1986 年的 9207 平方千米（占区域总面积的 49%），减少到 2015 年的 4620 平方千米（占区域总面积的 25%）。半固定、固定沙地面积明显增加。库布其沙漠恢复植被，对降低京津地区风沙灾害产生了积极影响。

参与库布其治沙造林及相关产业开发的企业达到 80 多家，逐步打造了生态修复、生态农牧业、生态健康、生态旅游、生态光伏、生态工业"六位一体"的产业体系，第一产业、第二产业和第三产业融合发展，形成良性循环，带动沙漠治理。

农牧民是"沙魔"的受害者，也是治沙的参与者、受益者。2004 年，亿利集团鼓励有能力的农牧民牵头组建治沙民工联队，依托亿利集团的微创气流植树法等先进技术和模式承包生态种植工程。村民高毛虎承包的生态种植工程从几十亩、几百亩，逐步发展到上千亩。截至 2018 年，高毛虎和他的民工联队在库布其沙漠累计承包生态种植工程10 万亩。在库布其沙漠，活跃着 232 支这样的亿利民工联队，5820 人成为生态建设工人，人均年收入达到 3.6 万元。

2017 年 9 月，《联合国防治荒漠化公约》第十三次缔约方大会在鄂尔多斯市召开，联合国环境规划署在会上发布了《中国库布其生态财富评估报告》。该报告指出，库布其沙漠治理过程中，政府和治沙企业累计为群众提供就业机会 100 多万人（次），带动 10 万多人脱贫致富。

党委和政府政策性主导、企业产业化投资、农牧民市场化参与、科技持续化创新，这种"四轮驱动"模式，是库布其沙漠治理成功的关键。库布其沙漠治理模式，为许多备受荒漠化困扰的土地带来了绿色希望。库布其防沙治沙技术和经验已被引入我国 20 多个省份、200 多个县市，累计在塔克拉玛干沙漠、腾格里沙漠、乌兰布和沙漠、科尔沁沙地、张北坝上地区治沙 100 多万亩。

土地荒漠化被称为"地球的癌症"。据联合国防治荒漠化公约组织调研预测，到 2020 年，全球将有超过 5000 万人因居住地荒漠化而被迫迁徙。卓有成效的库布其沙漠治理模式，成为中国拿出的一个神奇"药方"。

2015 年，联合国环境规划署在巴黎气候大会上认定，库布其沙漠生态财富创造模式走出了一条立足中国、造福世界的沙漠综合治理道路。

"库布其沙漠 30 年的治理是一个奇迹。"联合国副秘书长兼环境规划署执行主任埃里克·索尔海姆表示，中国的"一带一路"倡议，正在为越来越多的国家创造共同发展的新机遇。

库布其治沙，成为中国一张亮眼的"绿色名片"。库布其沙漠治理经验和模式正在中东、中亚一些荒漠化严重的国家落地生根，为推进人类可持续发展贡献中国智慧和中国经验。中国库布其沙漠的生态经济模式是把绿色"钥匙"，实现了治沙与减贫的双赢，适合在全球推广。

库布其的成功在于不仅让沙漠绿起来，还让当地居民富起来。漫漫黄沙，不治，它是害；治了，它是利。不治，它是沙子；治好了，

图58　今天的库布其沙漠（宋宪磊摄　鄂尔多斯市林业局提供）

它是金子。沙漠绿起来，企业强起来，百姓富起来。绿富同兴，成为库布其发展的生动写照。当地居民不仅种植固定流沙的特殊植被，还种植经济林果、中药材，搞起沙漠旅游，发展太阳能，生活发生巨大改善，几千万人甩掉了"穷帽子"。

治沙不是消灭沙漠。沙漠与河流、冰川、海洋一样，都是自然之子。治沙、扶贫、产业发展，库布其人走出一条"三轮联动"的可持续发展之路，构筑起初具规模的生态经济体系，昭示着生态文明的美好前景。党的十八大以来，库布其人从单纯的生态建设，向生态建设、生态经济发展并举转型，不断探索"点沙成金"、绿富同兴的奥秘。产业生态化，生态产业化，绿了黄沙，兴了产业，富了百姓，库布其人在茫茫沙海里书写着绿富同兴的故事。从为沙所困到艰苦治沙，再到富美田园，库布其铺展出一幅绿富同兴、人沙和谐的美好画卷。

中国是世界上荒漠化面积最大、受影响人口最多的国家，也是治理成绩比较突出的国家之一。经过长期不懈努力，中国的荒漠化土地面积 10 多年来持续净缩减，实现了由"沙进人退"到"绿进沙退"的历史性转变。把防治荒漠化与改善民众生计结合起来，有效调动和激发了沙区群众防治荒漠化的积极性，实现了生态与民生的双赢，是中国防治荒漠化的活力所在，成为全球防治荒漠化的典范。

联合国环境规划署发布的《中国库布其生态财富评估报告》提到，库布其沙漠共计修复、绿化沙漠 969 万亩，固碳 1540 万吨，涵养水源 243.76 亿立方米，释放氧气 1830 万吨，生物多样性保护产生价值 3.49 亿元，创造生态财富 5000 多亿元，其中 80% 是生态效益和社会效益。①

经过 30 余年坚持不懈的治理，库布其沙漠的沙尘天气由 1988 年的 50 多次减少到 2016 年的 1 次，年降水量增长到 400 多毫米，生物多样性更加丰富，植被覆盖率达到 53%。②

改革开放 40 多年来，特别是党的十八大以来，鄂尔多斯各族干部群众一代接着一代干，一张蓝图绘到底，治理沙漠面积达 6000 多平方

---

① 吴勇，张枨. 联合国环境署发布全球首个沙漠生态财富报告　沙漠治理中国方案获肯定 [N].人民日报，2017-09-12（2）.

② 寇江泽，刘毅. 30 年坚持不懈治沙，10 多万沙区民众受益　中国库布其治沙模式走向世界 [N].人民日报，2018-06-30（2）.

千米。治沙过程中，涌现出王文彪、王明海、乌日更达赖等一批防沙治沙先进个人和典型。他们以咬定青山不放松的韧劲和实干，孕育出守望相助、百折不挠、科学创新、绿富同兴的库布其精神，在大漠深处筑起一座改天换地的精神丰碑。

走进今天的库布其治理区，阡陌纵横、鸟语花香，一派田园风光。库布其以绿色发展理念为指导，打造完整的生态产业体系，让人们看到了沙漠中蕴藏的发展潜力、致富希望。艰苦创业、绿色发展，库布其治沙成果是践行"绿水青山就是金山银山"理念的最好例证。

（四）贵州贾西村是践行"两山论"、实现精准脱贫的新亮点

位于贵州省盘州市盘关镇的贾西村，曾经是一个深度贫困村。贾西村变石山为青山、变青山为金山的故事感人至深。

在贾西村，坡度大于 25° 的坡耕地占全村总面积的一半，石漠化面积达 20% 以上。2014 年，全村 2084 人中就有贫困人口 690 人。"山高路陡石头多，种一坡才收一箩。"山多地瘦，是贾西村深度贫困的主要原因。

为了生存，村民们向荒山要地。播苞谷、种土豆，土越翻越薄，最后只剩下光秃秃的石头，"越穷越垦，越垦越穷"。

刺梨①，给深度贫困的贾西村带来一线生机。刺梨耐旱、耐瘠薄，又保水保土，适合在石漠化山区生长；而且，1 年种植，3 年盛果，能收获三四十年，一亩年收入近 4000 元，效益可观。生态产业化，产业

---

① 刺梨是蔷薇科多年生落叶灌木缫丝花的别称，刺梨果实的营养价值很高。

生态化。刺梨产业保生态、富口袋,路子没错。

盘关镇以贾西村为核心区,联合海坝村、茅坪村等7个贫困村,组建盘关镇天富刺梨园联村党委,成立农民专业合作总社。宏财聚农投资公司建起20万吨刺梨汁生产线,按每斤2元的订单价格收购合作社种的刺梨。短短3年,园区的刺梨面积就发展到3.1万亩,覆盖8个村3498户9446人,其中贫困户423户842人。2016年,产业带动人均增收3940元,257户685人稳定脱贫。

与此同时,贾西村人又把目光放到刺梨林下和刺梨上空。林下套种中药材。在刺梨树下种野生地参,1斤能卖10元,一亩地收益至少2000元。空中养殖蜜蜂。山里环境好,处处是刺梨花、中药花。按现

图59 贵州盘州的万亩刺梨基地(贵州省盘州市文联提供)

在的野生蜂蜜行情，1 斤能卖到 150 元，一箱蜂年收入 3000 元。

绿起来的大山成了资源，贾西村又有了新规划。不仅做立体农业，下一步还要在山下鱼塘开农家乐、搞农家旅游，打造农旅一体化的纯自然生态园。荒芜的石山绿了，从山顶远眺，漫山遍野的刺梨树绿得醉人，金黄的果实点缀其间，村在林中，家家户户的庭院"长"在绿中，俨然一幅现代版桃源美景。曾经荒芜的石山，已是满眼的绿。这绿色，见证了贾西村人的勤劳，孕育着大山里的希望。这绿色，再次证实了"绿水青山就是金山银山"这个伟大真理。

（五）浙江安吉"两山论"实践再创新，创建中国"最美县域"

绿色发展是安吉的生态文明之魂。来到安吉，只见山峦青翠、河流清澈、空气清新。这里经济结构合理、社会和谐稳定、人居环境优美。安吉走出了一条人与自然和谐、生态文明与经济建设和谐、科技创新为可持续发展提供重要支撑的绿色发展之路。

"安吉的中国美丽乡村建设，是中国农民的世代追求！"安吉，成为全国唯一的美丽乡村规范标准制定县。安吉目前已创建中国美丽乡村精品村 179 个，创建总覆盖面达到 95.7%，呈现出一村一品、一村一韵、一村一景的大格局。

来到竹乡安吉，竹海绵延，丛林如碧。翡翠一般的山野田畴，让人感到五脏六腑都在刹那间荡涤一新。今日安吉，气净、水净、土净，森林覆盖率达 71%。然而，谁能想到，10 余年前的安吉却是另一番景象。

20 世纪 90 年代前后，安吉作为浙江 20 个贫困县中的一员，依靠发展资源依赖型和环境污染型的造纸、化工、建材、印染等产业，走上"工业强县"之路，后来也如愿摘掉了贫困县的帽子，拿来了小康县的牌子。但粗放的发展模式，很快就让安吉人饱尝过度消耗资源、污染环境的严重后果。

太湖流域有60%的水来自浙江西北的苕溪，苕溪流域有60%的水来自西苕溪，坐落在安吉境内西苕溪上游的33家排污企业每年直接排放的工业污水达1200万吨。"自从上游办起了工厂后，溪水上全是白色的泡沫，几里外都能闻到臭气。水里鱼虾绝迹。"不仅如此，林木、矿产等资源的过度开发造成严重的水土流失，安吉因此被列为太湖水污染治理重点区域，在1998年受到国家环保总局的"黄牌警告"。

面对难以为继的发展尴尬，安吉人在思索。倘若发展的结果是山河污染、资源枯竭，以致破坏了百姓宜居的环境，抢了子孙的饭碗，这样的发展还有什么意义？！

痛定思痛，安吉人终于意识到，没有绿水青山，就没有金山银山。安吉必须告别粗放的发展模式，探索保护环境、节约资源、惠泽百姓的全面、协调、可持续的科学发展之路。

安吉过去的优势在山水，未来的潜力也在山水！安吉要走生态立县之路，再造绿水青山。安吉开启了在发展中保护、在保护中发展的全新路径，使村庄美丽起来，让生态产生效益。安吉选择了绿水青山，选择了"绿色GDP"。环境美了，安吉大做旅游文章。美丽经济已成安吉等地的靓丽名片，同欧洲乡村相比也毫不逊色。

"两山"理念的内核是践行新发展理念，这意味着它具有可复制、可推广的意义，为乡村振兴、美丽中国建设提供经验和示范。令人欣

图 60　今日安吉县鲁家村（鲁家村村委会提供）

喜的是，浙江安吉县鲁家村和陕西礼泉县袁家村，从地理位置看，两村一南一北，却结成了兄弟村。鲁家村在乡村规划、环境整治、村民参与乡村建设等方面特色突出，袁家村主动提出两个村子结对取经、共促发展。鲁家村党委书记朱仁斌说："下一步，我们牵头打造'百村联盟'，将全国各地具有相同乡村理念、经营模式的村拉进联盟，共同发展进步。"

10多年来，安吉上下坚定不移地举"两山"旗、走"两山"路、创"两山"业，一任接着一任干，一张蓝图绘到底，成功走出了一条生态美、产业兴、百姓富的科学发展之路，实现了经济发展与生态保护的良性循环。安吉是浙江践行"两山"理念的一个范例、一个样本和一面旗帜。2016年，环境保护部将浙江省安吉县列为"绿水青山就是金山银山"理论实践试点县。安吉积极践行、扎实推进试点工作，在生态文明建设中发挥了示范引领作用。

（六）山西右玉再接再厉，打造我国北方县域践行"两山"理念示范区

位于晋蒙交界、毛乌素沙漠边缘的山西省右玉县，是毛乌素沙漠东进的第一道防线。历史上，这里是天然的大风口。当地人形容这里以前是"白天沙尘遮天点油灯，黑夜一觉醒来土挡门"。中华人民共和国成立以来，右玉的森林覆盖率由不到0.3%提高到54%。右玉县20任县委书记展开绿色接力，60多年不懈努力，干部群众坚持植树造林，把这片昔日风沙肆虐的"不毛之地"，变成了满目葱茏的"塞上绿洲"，以实际行动和成功实践向世人展示了以执政为民、尊重科学、百折不挠、艰苦奋斗为核心的右玉精神。

2012年9月28日，习近平在中共山西省委上报的《关于我省学习弘扬右玉精神情况的报告》上再次批示："右玉精神体现的是全心全意为人民服务，是迎难而上、艰苦奋斗，是久久为功、利在长远。"①2015年1月12日，习近平在北京人民大会堂主持召开座谈会，同中共中央党校第一期县委书记研修班学员畅谈交流"县委书记经"。座谈中，习近平同大家讲起了山西右玉县委一任接着一任带领人民群众治沙造林的故事，要求大家要有"功成不必在我"的境界，像接力赛一样，一棒一棒接着干下去。他指出，山西省右玉县地处毛乌素沙漠的天然风口地带，是一片风沙成患、山川贫瘠的不毛之地。中华人民共和国成立之初，第一任县委书记带领全县人民开始治沙造林。60多年

---

① 薛荣. 弘扬右玉精神　建设美丽山西［N］. 山西日报，2018-04-10（1）.

来，一张蓝图、一个目标，县委一任接着一任、一届接着一届率领全县干部群众坚持不懈地干。抓任何工作，都要有这种久久为功、利在长远的耐心和耐力。参加座谈会的县委书记们听了之后，深受教育和鼓舞。

1949年，首任右玉县委书记张荣怀上任。行走在右玉的荒山秃岭间，他看到的是"十山九秃头"的荒凉，听到的是老百姓"春种一坡，秋收一瓮；除去籽种，吃上一顿"的哀叹。一家一家走西口逃荒的情景，更是深深刺痛了他的心。到此饱受其苦的外国专家曾断言，这里不适宜人类居住，建议举县搬迁。

扎根还是搬离？这是60多年前，摆在张荣怀面前的一张考卷。在结束近4个月的全县徒步考察后，张荣怀在右玉县委工作会议上提出："要想风沙住，就得多栽树；要想家家富，每人十棵树！"会后，他立即带着全县干部，前往右玉的苍头河边，挥锹挖坑，种下了第一棵小老杨……

从1950年春到次年秋天，右玉全县成片造林2.4万多亩，各处栽树5万棵，由此拉开了右玉人60多年坚持不懈植树绿化的序幕，展开了一场豪气壮阔的20任县委书记绿色接力。

"换领导不换蓝图，换班子不换干劲。"在这场传承接力中，右玉出了一个个爱树如子、惜树如命的"树书记""林书记"。

第十三任县委书记姚焕斗，在右玉工作12年，1991年即将调到另一个县。临上车前，他又返回办公室，拿上那把已被磨短了一寸的铁锹，摘上几片右玉的树叶，才恋恋不舍地离开。

第十七任县委书记赵向东，离任时做的最后一件事是参加干部义务植树；在植树现场，与第十八任县委书记陈小洪进行工作交接，谈的是下一步怎么干……

自张荣怀起，右玉县20任县委书记展开绿色接力，带领干部群众坚持不懈植树造林，一干就是60多年，近2000平方千米荒芜的塞上高原奇迹般变成了绿色海洋。

如今的右玉，已拥有150万亩绿化面积，相当于近一个半新加坡的陆地国土面积；估算有1亿棵树，按照一米一棵的距离测算，排起来相当于10万千米，可绕地球两圈半。站在右玉老县城城墙上放眼望去，天似穹庐，绿色缭绕，一派"天苍苍，野茫茫，风吹草低见牛羊"的塞外风光。

怎样推动绿色发展？如何让生态文明建设成为社会风尚？如何让发展真正造福于民？右玉实践提供了生动样本。

进入21世纪后，右玉已建成"塞上绿洲"，更加意识到"由绿到富"的重要性。在干旱寒冷的塞上，变绿并非终点。为了让绿水青山变成金山银山，循着人民对美好生活的向往，右玉的干部群众如今奔着建设"富而美的右玉"这一目标，正围绕绿色发展进行二次创业，作答着又一张新时代的考卷。2016年2月，右玉入选首批创建"国家全域旅游示范区"名单。

2016年年初，以第二十任县委书记吴秀玲为班长的新一届右玉县委，从前任手中接过绿色接力棒。在"绿水青山就是金山银山"这一重要论断指引下，右玉全县人民开启了二次创业的新征程。

在绿色已近饱和的右玉，不再是一味地简单种树，而是要将绿化延伸到"彩色观赏化"，从"彩化"变"财化"，让植物成为吸引游客、

图61　山西右玉的苍头河（徐吉摄　中共右玉县委宣传部提供）

强县富民的"美丽"资本。右玉要变生态资本为经济资本、化生态优势为经济优势，全力发展生态文化旅游。

2016年6月底，经过充分调研和专家建议，为了发挥土壤条件好、昼夜温差大的优势，右玉选择了中药材种植，既有观赏价值，也有经济效益。当年，右玉全县种植板蓝根、党参、黄芩、黄芪等中药材4.7万亩，县里联系两家大型药企进行保底价收购，并拿出四五千万元补贴。"这既是彩化种植的一种模式，也是农民增收的重要渠道。经实地测收，每亩板蓝根纯收入能达到1000元以上，每亩党参年均纯收益2500元，远高于种植杂粮的收益。"右玉还决定，引进500亩适宜在寒冷地区种植的寒富苹果、5000亩俄罗斯大果沙棘、1500亩大接杏、1500亩枸杞等经济树种进行试种。

右玉把产业支撑作为决战脱贫攻坚的重中之重，发展特色种植业、生态畜牧业、文化旅游业和光伏、风电等绿色能源产业。截至2017年年底，右玉累计实现126个贫困村脱贫、15918名贫困人口脱贫，贫困发生率下降到 0.46%。2018 年 8 月，成为山西省首批退出的国家级贫困县之一，坚持生态立县、绿色发展的优势和成果日益显现。

几十年来，右玉的领导干部为民初心不改，绿色耕耘不息，带领全县人民既营造绿水青山，又努力让绿水青山变成金山银山，奋力实现由"绿起来"到"富起来"的历史新跨越。让我们大力弘扬右玉精神，切实推动绿色发展，携手建设美丽中国，描绘生态文明新画卷。

（七）延安实行退耕还林，重现陕北好江南

习近平对延安的生态建设高度关注。2015 年 2 月 13 日，习近平在延安干部学院主持召开陕甘宁革命老区脱贫致富座谈会，强调要让老区人民都过上幸福美满的日子。他在分析陕甘宁革命老区加快发展方面的优势后，一针见血地指出，生态环境整体脆弱是其发展的明显制约。

地处黄土高原腹地的延安，曾是"水草丰茂，牛羊塞道"的繁荣富庶之地，后来由于移民屯垦、毁林开荒及传统放牧等原因，生态环境急剧恶化，逐渐成为黄河中游水土流失最严重的地区之一。到 20 世纪 90 年代，延安水土流失面积占其总面积的 80%。每当雨季来临，山洪暴发，地表泥沙被卷入滔滔洪水之中，呼啸着进入黄河，年流入黄河的泥沙量高达 2.58 亿吨。大面积的广种薄收和掠夺式开发，使生活在这块土地上的人们陷入了"越垦越荒、越荒越穷、越穷越垦"的恶性循环怪圈。

80 多年前，美国记者埃德加·斯诺在《红星照耀中国》中记录下他所看到的黄土高原景象。除却满目荒凉，彼时黄土地的贫穷令他印象深刻。书中曾这样表述：陕北是我在中国见到的最贫困的地区之一。

20多年前，这里还是满眼的风沙，山几乎都是秃的。人们形容这里"下一场雨褪一层泥，种一茬庄稼剥一层皮"。

1997年8月，根据党中央关于"再造一个山川秀美的大西北"的指示精神，延安吹响了保护生态环境的号角，率先开展退耕还林试点。在这片红色土地上展开了一场波澜壮阔的"绿色革命"，为全世界提供了一个在水土流失最为严重的地区短期内实现生态修复的成功范本。

改变最早出现在延安北部自然条件最恶劣、当时还被称为"延安屋脊"的吴起县，山羊养殖是其支柱产业。经联合国粮农组织的专家深入调研后，1998年，吴起县开始实施封山禁牧、植树种草、舍饲养羊。过去，散放养羊对植被的破坏太严重，对吴起本已很脆弱的生态而言，更不啻为一场灾难。山羊散养在山上，不仅会吃草叶，还会用蹄子把草根刨出来吃掉，甚至连树皮也啃光。

1999年，中央启动退耕还林政策，延安人开始"从兄妹开荒变为兄妹造林"。当年，南泥湾开垦了许多粮田，退耕还林后，又把粮田变为森林。栽上树的几年里，山上的洪水不下来了，山绿了，水清了。如今，这里的森林覆盖率已超过80%，连绵起伏的青山与山脚下的万亩花海相映成趣。南泥湾近年来精心打造生态经济，让春花、秋叶、稻田、鱼塘形成四季不断的美丽风景，"绿色"与"红色"旅游相映成辉。目前，南泥湾农民新增收入中的10%至15%来自生态经济，人们的日子越过越好。

20年过去了，改变已悄然发生。延安的森林覆盖率由中华人民共和国成立时的不足10%，提高到如今的46.35%，植被覆盖率高达67.7%。延安每年流入黄河的泥沙量降为0.31亿吨，较退耕前减少

图 62　陕西延安宝塔山风光（侯玉郎摄）

88%。山变绿了，水土流失得到遏制，入黄泥沙量显著减少，产业结构明显变化，群众的生产生活方式发生巨大改变。这场转变从生态开始，席卷了人们的思想、生产和生活的各个领域。如今，延安干部群众从退耕还林中，品尝到"满山尽是聚宝盆"的生态红利，发出"荒山秃岭都不见，疑似置身在江南"的感叹。

在梁家河这片热土上，习近平曾工作、生活了 7 年。岁月如梭。当年打下的淤泥坝上，如今一行行笔直的树苗茁壮成长；在神车沟、麻花沟栽下的小树苗，今天已繁衍成一片茂密葱茏的树林。站在山峁上举目四望，郁郁青青的果园向八方延展开去，大大小小的苹果挂在枝头。近年来，梁家河村共退耕还林 5590 亩，发展起山地苹果 980 多亩。梁家河一户村民家的大部分地都退耕了，只保留 10 亩苹果园。2017 年，仅苹果园就为他带来了 40 万元的收入。"我现在就希望能在我们这里多种点苹果树，再种上桃树、杏树、核桃树，把我们这里变成真正的'花果山'，那我们农民就美得很了！"梁家河人民正在以实际行动，实现习近平"把村子建得越来越美丽"的殷切期望。

延安大地经历了一场由黄到绿、由绿变美、由美而富的巨大而深刻的转变，成为"全国森林城市"。如今的延安，正在经历由美变富的历程。宝塔、安塞的山地苹果，延长、宜川的花椒，延川的红枣，黄龙的板栗、核桃，成为退耕群众重要的收入来源。延安农民人均年可支配收入，从退耕前的 1356 元提高到 2017 年的 11525 元。荒山"盖被子"，农民"有票子"。只有做到生态养民，才能巩固住退耕还林的成果。作为"全国退耕还林第一市"，延安的相关探索可为生态脆弱地区发展提供一定启示。

延安的绿水青山，不仅扭转了当地的生态环境，还改变了农民"面朝黄土背朝天，广种薄收难温饱"的生活状况。生态巨变促进农民脱贫致富，生动诠释"绿水青山就是金山银山"的理念。延安各级干部始终坚持生态优先的发展理念不动摇，一任接着一任干。延安自2013 年起在全国率先实施新一轮退耕还林，截至目前已完成 160 多万亩。自 1997 年起，延安总共完成退耕还林 1077 万亩。延安人民以习近平生态文明思想为指引，坚决守护好延安的绿水青山，让绿水青山成为金山银山。

（八）阿克苏荒漠绿化工程，创造新疆戈壁变绿洲、荒漠变果园的生态奇迹

习近平十分关心新疆的经济社会发展，号召努力建设天蓝地绿水清的美丽新疆。习近平曾多次到新疆考察，嘱咐当地干部群众要加强

生态文明建设。2009 年 6 月 17 日至 21 日，习近平在新疆考察工作。他指出，开发新疆优势资源、加快优势产业发展，要坚持走新型工业化道路，提高自主创新能力，大力发展循环经济，提高相关产业和上下游产品的协作配套水平，坚决防止以浪费资源、污染环境、破坏生态为代价换取一时发展。2014 年 4 月 27 日至 30 日，习近平又一次来到新疆考察工作。他强调，要坚定不移实现新疆跨越式发展，同时，必须紧紧围绕改善民生、争取人心来推动经济发展。发展要落实到改善民生上，落实到惠及当地上，落实到增进团结上。特别是要全面深化改革，扎实做好农业、农村、农民工作，大力推进就业创业，扎实推进"农村"扶贫开发，加强生态环境保护，积极参与丝绸之路经济带建设。

2017 年 3 月 10 日，习近平在参加十二届全国人大五次会议新疆代表团审议时说：要贯彻新发展理念，坚持以提高发展质量和效益为中心，以推进供给侧结构性改革为主线，培育壮大特色优势产业，加强基础设施建设，加强生态环境保护，严禁"三高"（高污染、高能耗、高排放）项目进新疆，加大污染防治和防沙治沙力度，努力建设天蓝地绿水清的美丽新疆。2017 年 12 月 18 日，习近平在中央经济工作会议上指出："从塞罕坝林场、右玉沙地造林、延安退耕还林、阿克苏荒漠绿化这些案例来看，只要朝着正确方向，一年接着一年干，一代接着一代干，生态系统是可以修复的。"①

---

① 王新红，佟向东，王玉召. 与风沙抗争感天动地——阿克苏地区荒漠绿化报道（二）[N].
新疆经济报，2018-10-13（1）.

习近平对阿克苏荒漠绿化工程给予充分肯定，饱含着他对新疆贯彻新发展理念的期待。新疆生态环境脆弱，是我国荒漠化严重的地区；新疆特别是南疆发展滞后，是我国集中连片深度贫困地区。正确处理好生态环境保护和发展的关系，也就是绿水青山和金山银山的关系，是实现新疆社会稳定和长治久安的必然要求，也是实现新疆可持续发展、推进美丽新疆建设的重大原则。

谈起新疆阿克苏荒漠绿化工程，还得先从柯柯牙荒漠绿化工程说起。

阿克苏地区位于天山南麓、塔里木盆地北部，曾是古丝绸之路的重要驿站。全地区总面积中，沙漠占了31%。中华人民共和国成立初期，王震率领的第二军第五师（原359旅）部分官兵来到阿克苏地区南缘屯垦，并组建新疆生产建设兵团第一师。全师官兵修建水库多座，开垦良田120余万亩，创造了开荒拓地、自给自足的奇迹。

20世纪80年代，阿克苏地区每年的浮尘天气超过100天。更为可怕的是，阿克苏市距离塔克拉玛干沙漠北缘只有几十千米，沙漠以每年5米的速度不断逼近。生态环境如果不治理好，不仅人们的生产生活会受到严重影响，而且若干年后，阿克苏甚至有可能像楼兰古国那样消失在风沙里！

恶劣的生态环境已经严重影响各族群众的生产生活，成了群众最渴望解决的问题。为改变"漫卷狂风蚀春色，迷梦黄沙掩碧空"的恶劣自然条件，阿克苏地委在位于阿克苏市东北部的柯柯牙，启动荒漠绿化工程。阿克苏人继承发扬屯垦精神，通过实施大规模生态绿化工程，在世界第二大流动沙漠——塔克拉玛干沙漠的西北部造出一条绿色的人工林带。

人工林带的建成迅速改变了柯柯牙的生态环境。1996 年柯柯牙被联合国环境资源保护委员会列为"全球 500 佳境"之一。柯柯牙荒漠绿化工程也影响着整个阿克苏地区的生态环境。人工林带阻挡了风沙，于是有更好的条件种植经济林，随着经济林种植面积的扩大，又进一步加强了绿色屏障防风固沙的生态功能。阿克苏地区形成了以林养林、边绿化边脱贫的良性循环，成为全国闻名的大果园，成为富有魅力的旅游目的地，并将戈壁荒滩变成了百姓的"绿色银行"。

30 多年来，阿克苏人筚路蓝缕，接续奋斗，在沙尘肆虐的戈壁荒原植树造林 100 多万亩，让风沙的策源之地，变身绿色的生态屏障，成为各族群众安居乐业的美丽家园。当地累计近 400 万干部群众听从党的召唤，克服重重困难，投身这项伟大工程。一年接着一年干，一代接着一代干，铸就了自力更生、团结奋斗、艰苦创业、无私奉献的柯柯牙精神。

如今阿克苏已是"风拂杨柳千顷绿，水润桃杏万园红"的茫茫林海，展现出生态良好、生产发展、生活改善的美好图景。这是阿克苏人正确处理经济发展和生态环境保护辩证关系结出的丰硕果实。柯柯牙荒漠绿化工程走出了一条经济发展和生态文明建设相辅相成、相得益彰的路子，深刻印证了"绿水青山就是金山银山"。

党的十八大之后，阿克苏地区更加坚定不移地走生态文明和绿色发展之路，坚持把植树造林、防沙固沙、改善生态作为经济社会可持续发展的战略性工程，倾力打造生态治理先行区，构筑更为坚实的生态安全屏障。阿克苏地区确立了"建设生态治理先行区"的战略定位，

图63　新疆阿克苏地区柯柯牙绿化工程航拍图（韩亮摄）

着力实施柯柯牙绿化提升，阿克苏河、渭干河两河生态治理，阿克苏市空台里克区域荒漠绿化四个百万亩生态治理工程，持续推进退耕还林、退牧还草和三北防护林第五期等重大生态工程建设。

阿克苏荒漠绿化工程，是"绿水青山就是金山银山"理念的最好说明，是习近平生态文明思想在新疆大地的生动实践。在以习近平同志为核心的党中央坚强领导下，新疆自治区党委和政府始终加大力度推进生态文明建设，解决生态环境问题，为新疆天更蓝、山更绿、水更清、环境更优美而不懈努力。

（九）"绿水青山就是金山银山"在中国大地生根开花结果

在全国各地涌现出了许多实践"绿水青山就是金山银山"的理念的典型。丽水市位于浙江西南部，有"九山半水半分田"之称，2015

年成为浙江首个国家级生态示范保护区。2018 年 4 月 26 日习近平在深入推动长江经济带发展座谈会上就特别提到浙江丽水市。习近平在座谈会上说道："浙江丽水市多年来坚持走绿色发展道路，坚定不移保护绿水青山这个'金饭碗'，努力把绿水青山蕴含的生态产品价值转化为金山银山，生态环境质量、发展进程指数、农民收入增幅多年位居全省第一，实现了生态文明建设、脱贫攻坚、乡村振兴协同推进。"① 习近平在浙江工作期间，曾八赴丽水，丽水市的生态文明实践正是遵循习近平当初的要求。2006 年 7 月，他在丽水调研时指出："绿水青山

图 64　浙江丽水长龙廊桥（高金龙摄　中共丽水市委提供）

　　长龙廊桥位于浙江省丽水市碧湖镇红圩村村口，是九龙国家湿地公园的主要入口。长龙廊桥长 200 多米，气势恢宏、古色古香，不仅是湿地公园的美丽风景，还极大地改善了红圩村对外交通状况。

① 习近平 . 在深入推动长江经济带发展座谈会上的讲话［N］. 人民日报，2018-06-14（2）.

就是金山银山，对丽水来说尤为如此"，丽水"守住这方净土，就守住了'金饭碗'"①。2015 年 1 月 12 日，习近平在北京人民大会堂主持召开座谈会，同中共中央党校第一期县委书记研修班学员座谈时，对参加座谈会的丽水市莲都区领导说："我对丽水印象很深，你们那里空气好、环境好。"②

经过 10 余年实践，"绿水青山就是金山银山"科学论断引发的生态红利和生态理念，在中华大地裂变出强大正能量。在绿水青山中受益的老百姓由最初的"要我做"变为"我要做"，并迸发出更大的生态自觉。

图 65 安徽泾县查济古村落全景
（尹建生摄 中共泾县县委宣传部提供）

---

① 王巷扉. 在绿水青山间展翅高飞——丽水践行"绿水青山就是金山银山"十年纪事［N］.
丽水日报，2015-04-18（1）.

② 同①.

2016 年 4 月，习近平视察安徽时强调，安徽山水资源丰富、自然风光美好，要把好山好水保护好，实现绿水青山和金山银山有机统一，着力打造生态文明建设的安徽样板，建设绿色江淮美好家园。中共安徽省委、安徽省人民政府印发《关于扎实推进绿色发展着力打造生态文明建设安徽样板实施方案》，明确提出要将"三河一湖"（皖江、淮河、新安江和巢湖）生态文明建设安徽模式作为全国示范样板，设立了国土空间开发新格局基本确立、资源利用更加高效、生态环境质量总体改善、生态文明重大制度基本确立等分目标，并对各项重点工程设置明确的时间表和硬指标。孕育一片秀美土地的安徽，长江、淮河穿省而过，名山大川耸峙其上，徽风皖韵绵延赓续。据统计，自 2012 年启动实施千万亩森林增长工程以来，安徽省 5 年间累计完成人工造林 978.88 万亩。2017 年年初，安徽省启动林长制改革，现已全面落地。省市县乡村五级的 5.2 万余名林长聚焦林业改革发展，共同守护江淮大地的好山好水。

西藏平均海拔 4000 米以上，野生动植物资源、水资源和矿产资源丰富，是我国重要的生态安全屏障。但高原生态环境十分脆弱，特别是在全球气候变暖的大背景下，生态环境保护任务十分艰巨。党的十八大以来，西藏各级党委、政府坚决贯彻落实习近平在中央第六次西藏工作座谈会上的重要讲话精神，坚持生态保护第一，像保护眼睛一样保护生态环境。为了处理好保护生态和富民利民的关系，西藏向广大农牧民提供了 70 万个生态补偿岗位，2017 年还将这些岗位的人均年补助标准提高到 3000 元，使几十万名祖祖辈辈靠山吃山、靠水吃水的农牧民、猎人、伐木工，就地转变为高原生态的守护者。为了守护好世界上最后一方净土，西藏的生态保护工作久久为功。过去 10 年间，西藏的湿地面积增加 52.42 万平方千米，各类沙化土地面积减少 10.71 万平方千米。目前，西藏的禁止开发区和限制开发区面积超过 80 万平方千米，约占全自治区国土面积的 70%。其中，在 41 万平方千米土地上建设了各类自然保护区 61 个，尽力守护好青藏高原这方净土。

福建省在 2016 年 6 月被确立为全国首个生态文明试验区。生态文明试验区的一项重要任务，就是种好"试验田"，探索体制机制性解决之道，为全国提供可复制、可推广的经验。"生态环境保护能否落到实处，关键在领导干部。"①试验区确立后，福建省成立了省委书记任组长、省长任常务副组长的领导小组，统筹推进试验区建设。省委、省政府细化任务分工方案和分年度任务清单，形成纵向到底、横向到边

图 66　福建厦门鼓浪屿鸟瞰（厦门鼓浪屿管委会提供）

① 习近平谈治国理政：第二卷［M］.北京：外文出版社，2017：396.

的工作推进机制，将责任落实到具体单位。绿水青山是否能变为金山银山，绿水青山如何变成金山银山？福建用自己的探索释放生态产业大潜能。好生态的红利如何在更大范围释放出来？生态产业化、产业生态化，通过产业化运作挖掘生态价值，福建正在探索一种双赢的发展模式。

上海市高度重视崇明岛生态建设。2018 年，是崇明开启生态岛建设之路的第 18 年，生态建设的理念和目标，已深植崇明经济社会各项事务的发展之中。《上海城市总体规划（1999 年—2020 年）》明确提出要将崇明岛建设成为生态岛。2005 年，上海市政府《崇明三岛总体规划（崇明县区域总体规划）2005—2020》，明确提出建设现代化综合生态岛的总体定位。2010 年 1 月，上海市政府公布了《崇明生态岛建设纲要（2010—2020）》，提出按照建设世界级生态岛的总体目标，以科学的指标评价体系为指导，大力推进资源、环境、产业、基础设施和社会服务等领域的协调发展，把生态保护和环境建设放在更加突出的位置。从 2016 年开始，崇明贯彻实施"生态 +"发展战略，以生态岛建设纲要和创建全国生态文明示范区为抓手，坚持创新驱动发展，积极厚植生态优势，促进经济转型升级，努力实现经济社会全面协调发展。围绕"生态 +"发展战略，崇明在生态建设领域的"绿色"指标上取得了良好成绩，同时，也将"生态标准"作为传统产业发展的重要目标。截至 2016 年 10 月，崇明岛以不足上海全市 20% 的国土面积，拥有全市 30% 的自然资源，保育了全市 40% 的生态资产有效当量，提供了近 50% 的生态服务功能。森林、农田、淡水湿地、滩涂湿地……这些占崇明总面积 85% 的"生态资产"，就是"金山银山"。

图 67　上海崇明的东平国家森林公园（黎军摄）

东平国家森林公园位于崇明岛中北部，拥有占地近 4 平方千米的人工林。这片"天然氧吧"为崇明生态岛建设留足自然生态涵养空间。

2016 年 12 月，上海市政府颁布《崇明世界级生态岛发展"十三五"规划》。根据这个规划，2017 年 3 月，《崇明世界级生态岛建设第三轮三年（2016—2018 年）行动计划方案》开始实施。按照"坚持生态立岛、强化指标约束、形成建设合力、实现建管并举"的原则，提出滚动实施各类项目 147 个，其中管理类项目 37 个，主要是水源地清拆整治、工业企业挥发性有机物（VOCs）废气治理工程、土壤（地下水）调查、生活垃圾减量等；基本公共服务类项目 16 个，主要是林业养护、社区管理、河道轮疏、绿色公交网络等；建设类项目 94 个，主要是水利、林业与绿化建设，污水厂提标改造及污泥处理工程等。

　　崇明在上海经济社会发展辐射和生态环境保护约束的双重压力下，走出一条保护与发展并重的"三生"共赢之路。在生态保护方面，积极治理互花米草等入侵物种，严格保护岛屿湿地资源，为生态岛植被、鸟类以及其他河海珍稀动植物营造栖息地，实现了对岛屿生物多样性和生态系统的保护。在生活方面，崇明加快投入居民生活污水处理，新建污水集中处理设施，以"减量化"与"无害化"进行废弃物处理和综合管理，为乡镇和农村居民营造绿色循环的优质生活环境。在生产方面，崇明传统的农业种植、养殖和经营也逐步向更为灵活的供销

图 68　上海崇明东滩保护区（黎军摄）

崇明东滩鸟类国家级自然保护区面积为 326 平方千米，属长江口典型的河口湿地。区内有众多的农田、鱼塘、蟹塘和芦苇塘，沼生植被繁茂，是候鸟的重要越冬地。

模式转变，并且积极开展绿色食品、无公害食品的产品认证。

崇明建设世界级生态岛的使命光荣而又艰巨。2014年7月，联合国环境规划署赴崇明考察生态建设情况，对崇明岛的生态建设给予充分肯定，认为崇明岛生态建设的核心价值反映了绿色经济理念，对中国乃至全世界发展中国家探索区域转型的生态发展模式具有重要借鉴意义，"崇明发展模式具有国际推广潜力"。这说明，崇明作出走生态发展之路的战略选择，已获得国际环境和生态治理领域的高度肯定，并成为全球生态治理的典型案例。

自2016年环境保护部将浙江省安吉县列为"绿水青山就是金山银山"理论实践试点县以来，全国各地涌现了许多"绿水青山就是金山银山"实践创新基地和国家生态文明建设示范市县。

2017年9月，环境保护部公布第一批13个"绿水青山就是金山银山"实践创新基地和第一批46个国家生态文明建设示范市县。

第一批13个"绿水青山就是金山银山"实践创新基地为：河北省塞罕坝机械林场，山西省右玉县，江苏省泗洪县，浙江省湖州市、衢州市、安吉县，安徽省旌德县，福建省长汀县，江西省靖安县，广东省东源县，四川省九寨沟县，贵州省贵阳市乌当区，陕西省留坝县。

第一批46个国家生态文明建设示范市县为：北京市延庆区，山西省右玉县，辽宁省盘锦市大洼区，吉林省通化县，黑龙江省虎林市，江苏省苏州市、无锡市、南京市江宁区、泰州市姜堰区、金湖县，浙江省湖州市、杭州市临安区、象山县、新昌县、浦江县，安徽省宣城市、金寨县、绩溪县，福建省永泰县、厦门市海沧区、泰宁县、德化县、长汀县，江西省靖安县、资溪县、婺源县，山东省曲阜市、荣成市，河南省栾川县，湖北省京山县，湖南省江华瑶族自治县，广东省珠海市、惠州市、深圳市盐田区，广西壮族自治区上林县，重庆市璧山区，四川省蒲江县，贵州省贵阳市观山湖区、遵义市汇川区，云南省西双版纳傣族自治州、石林县，西藏自治区林芝市巴宜区，陕西省凤县，甘肃省平凉市，青海省湟源县，新疆维吾尔自治区昭苏县。

2018 年 12 月，生态环境部公布第二批 16 个"绿水青山就是金山银山"实践创新基地和第二批 45 个国家生态文明建设示范市县。

第二批 16 个"绿水青山就是金山银山"实践创新基地为：北京市延庆区，内蒙古自治区杭锦旗库布其沙漠亿利生态示范区，吉林省前郭尔罗斯蒙古族自治县，浙江省丽水市、温州市洞头区，江西省婺源县，山东省蒙阴县，河南省栾川县，湖北省十堰市，广西壮族自治区南宁市邕宁区，海南省昌江黎族自治县王下乡，重庆市武隆区，四川省巴中市恩阳区，贵州省赤水市，云南省腾冲市、红河哈尼族彝族自治州元阳哈尼梯田遗产区。

第二批 45 个国家生态文明建设示范市县为：山西省芮城县，内蒙古自治区阿尔山市，吉林省集安市，江苏省南京市高淳区、建湖县、溧阳市、泗阳县，浙江省安吉县、嘉善县、开化县、仙居县、遂昌县、嵊泗县，安徽省芜湖县、岳西县，福建省厦门市思明区、永春县、将乐县、武夷山市、柘荣县，江西省井冈山市、崇义县、浮梁县，河南省新县，湖北省保康县、鹤峰县，湖南省张家界市武陵源区，广东省深圳市罗湖区、深圳市坪山区、深圳市大鹏新区、佛山市顺德区、龙门县，广西壮族自治区蒙山县、凌云县，四川省成都市温江区、金堂县、南江县、洪雅县，贵州省仁怀市，云南省保山市、华宁县，西藏自治区林芝市、亚东县，陕西省西乡县，甘肃省两当县。

这些被命名的地区，是近年来全国各地深入学习贯彻习近平生态文明思想、推进生态文明建设实践中涌现出的先进典型，还在继续探索绿水青山转化为金山银山的有效路径，为全国其他地区提供经验借鉴，发挥着重要引领和示范作用。这表明，"绿水青山就是金山银山"理论之花已经在中华大地上到处绽放，必将结出丰硕的实践之果。

近年来，不少地方大力推动生态美与百姓富、环境好与经济兴并举共进的实践已经证明，绿水青山与金山银山是可以实现双赢的。那种一讲发展经济就要去破坏环境、一讲保护环境就没办法发展经济的思想和行为，不是懒，就是庸，终究会被人与自然和谐发展的历史洪流所淘汰。事实充分说明，绿水青山就是金山银山，是我们永恒的追求。在实践中将"绿水青山就是金山银山"化为生动的现实，成为亿万人民群众的自觉行动。

习近平提出的"绿水青山就是金山银山"，道出了科学发展的真谛。一个理念可以改变一个国家和地方的发展道路，可以改变一个民族的命运，只要这个理念正确、合乎实际和客观规律，并能为群众所掌握。这是思想的力量、精神的力量、真理的力量。同理，习近平生态文明思想在实践中已经展现出思想的力量、精神的力量、真理的力量。我们完全相信，在习近平生态文明思想指引下，一个天蓝山绿水清的美丽中国一定会实现。